浩瀚
宇宙大奥秘

［英］威尔·盖特 著

［英］安吉拉·里扎　［英］丹尼尔·朗 绘

向麟沂 译

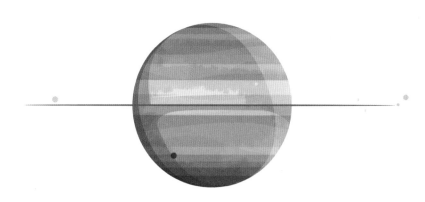

中信出版集团 | 北京

简介

准备好了吗？我们要去探险了。翻开本书，你将跟随那些对宇宙的伟大奥秘感到好奇的探险家、科学家和观星者的步伐，开始星际探险之旅。旅程会从我们的家园地球开始，因为地球本身就是一个奇迹，然后我们会继续探索更遥远的太空，去往太阳系中的其他行星与系外的恒星和星系。当见到宇宙中那些令人惊奇的天体时，你将了解到它们是什么，以及天文学家是如何研究它们的。你也会看到，还有许多谜团尚未解开！现在，我们出发吧！

威尔·盖特

提示

记住，永远不要直视太阳，它太亮了，会损伤你的眼睛！

目 录

地球的大气圈

大气圈就像一层薄薄的面纱，盖在我们星球的表面。但正是有了它，我们才能够在地球上生存，才能见到许多美丽的天象景观，如流星、极光等。

在晴朗的日子里抬头仰望，我们会看见天空是蔚蓝色的。这是大气圈的效应之一，大气中的尘埃微粒把阳光中的蓝色光散射出去。在夜幕降临之后，我们还能见识到大气圈的另一个效应：星星（恒星）微微闪烁。星星会一闪一闪，是因为流动的空气短暂地让星星发出的光线发生了弯曲。

地球的大气中含量最多的是氮气，
还有其他含量少一些的气体，
比如氧气和二氧化碳。

地球 —————————————— 大气圈

夜光云（也称为"银光云"），
多在较高纬度地区的黄昏时可见。

夜空

大约 400 年前，
人类第一次将望远镜转向
夜晚的天空。

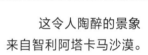

这令人陶醉的景象
来自智利阿塔卡马沙漠。

每当夜幕降临，天空从深蓝色变为墨黑色，更广阔的宇宙进入人们的视野。闪烁的星星遍布天空，为航行在我们头顶上的行星编织了一块闪闪发光的背景布。偶尔，也会有流星划过。夜复一夜，月亮慢慢变换着它的银色面孔，阴晴圆缺，循环往复。

如今，天文学家用先进的望远镜探查太空深处，让我们认识了更遥远的宇宙。那里有数以亿计的星系，每一个星系中又都有无数颗星星。或许其中一颗星星上也有"人"在仰望，为他们自己的闪烁夜空而惊叹不已。

流星

你看到过流星吗？当一小块太空尘埃——通常只有沙粒那么大——撞击我们的大气时，就会形成这些一闪而逝的光迹。这些尘埃本身散布在太阳系中，当它们与地球相撞时，有的速度高达每小时 26 万千米。

尘埃撞进我们的大气层时，会与大气产生摩擦，继而加热它前面的气体。一瞬间，尘埃颗粒开始"发光"，并在飞驰过程中快速气化，这就是我们所看到的流星。

流星雨——许多流星从天空中的
同一个辐射点发射出来。
地球经过彗星或小行星留下的尘埃团时，
就会出现流星雨。

在双子座流星雨中，
一颗明亮的流星陨落。
双子座流星雨每年 12 月都会到来。

陨星

有的太空岩石很大，如果撞上了地球的大气层，它可以在穿越天空的炽热旅途中幸存下来，而不被完全摧毁。这种落在地上的宇宙碎块就称为陨星。

陨星有不同的种类。有些是石质的，也称为陨石，而有些主要由金属构成，如铁和镍，称为陨铁。科学家经常在沙漠等偏远地区（如南极洲）寻找陨星。这是因为研究陨星可以让我们了解广阔的太阳系是由什么构成的，还可以揭示一些行星的隐秘历史。

有些陨星其实是月球和火星的碎块。

这块陨星发现于
智利北部的阿塔卡马沙漠。

极光

大多数晚上，地球极地区域的黑色背景下会浮现出柔和的光幕，这就是"极光"。这些光幕在空中飘荡，迸发出绚丽多彩的光线。北半球的称为"北极光"，南半球的称为"南极光"。

地球磁场被太阳风"充能"时，太阳发出的带电粒子进入地球的大气层，就会产生这些舞动的飘带——主要是红色和绿色的。我们无法用肉眼看到带电粒子，但它们落入两极高层大气时，会使那里的气体发光。

北极光

南极光

极光的绿色来自发光的氧。

北极光景象，
取自国际空间站。

猎户座（Orion）
是以希腊神话中
猎人俄里翁的名字命名的。

星座

你仰望星空时是否在闪烁的群星中发现过熟悉的轮廓或形状？你并不孤单。几千年来，世界各地有许许多多的天空观察者也在星星的排列中发现了一些图案，并称之为星座。如今，国际天文学联合会确认了88个星座。这些星座多以物品、动物和神话人物等命名（详见第 200—203 页）。还有一些不是星座的星星"集团"，比如北斗七星和夏夜大三角，被称为星群。

我们在夜空中见到的大多数星座都随着季节变化而有所不同，这是因为地球在绕着太阳运动。也就是说，我们在夏天看到的星空与冬天是不同的。

这就是猎户座，
你找得到"猎户"的腰带吗？

月球

在晴朗的夜晚仰望月球，你会看到这个表面刻着几十亿年历史的天体坑坑洼洼的地貌，那是在很久以前，它被太阳系里无数小行星和彗星撞击造成的。但是，这颗岩石星球为什么会绕地球运行呢？即使到了今天，科学家仍对此感到困惑。目前最普遍的看法是，大约45亿年前，年轻的地球与另一颗天体相撞了。那是一次特别猛烈的碰撞，那颗天体被摧毁，大量炙热的、熔化的物质喷入太空。最终，这些物质聚集在一起，冷却下来形成了月球。

地球   月球

月球离地球最远的时候，
我们能把太阳系其他七颗行星
放进地月之间的空间！

图示为月球越过地球
被阳光照射的一面。

月相

蛾眉月

上弦月

盈凸月

满月

你也许已经注意到了，月亮的形状看上去似乎总是在改变。有时候弯弯的，像香蕉；有时候圆圆的，像盘子；其他时候，它处于这两者之间。这些变化着的形状称为月相。

月相变化，是因为月球不断地绕地球运行。这意味着它被阳光照亮的那一面会夜复一夜地变化。同时，月亮也在自转，但我们只能看到它的同一面，因为它自转一周的时间跟它绕地球一周的时间几乎一样！

月球上光照面与阴暗面的分界线
称作明暗界线。

亏凸月

下弦月

残月

新月

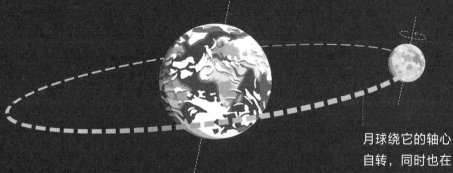

月球绕它的轴心
自转，同时也在
绕地球公转。

月全食能让平时被月光掩盖的
星星显露出来。

月食

你知道吗？月亮有时会呈现一种令人惊叹的红色。虽然看上去像是月亮自己在变色，其实却是地球大气层与地球阴影的"功劳"。

在很偶然的情况下，太阳、地球、月球会以某种方式排在一条线上，月球进入地球阴影。这时，月球的银白色面孔会逐渐变暗，这就是月食。如果月球完全进入地球的阴影，则为月全食。不过，即使完全被笼罩在阴影中，月亮也不会从我们的视野里消失——这就是地球大气的作用了，它会"过滤"穿过它的阳光，只让太阳中的红光和黄光重新进入太空。不仅如此，大气还能将红光和黄光折射到地球阴影下的月球表面，于是我们看到的就是一轮红铜色的满月悬挂在天空中。

一次月全食中，
满月变成了漂亮的红色。

地照的光从地球到达月球
大约要花 1.3 秒。

地照

地球不会发光……它会吗？看看细细的新月，你可能以为月亮那圆圆的脸有一部分藏在黑暗中了，因为那一部分的表面是夜晚，没有阳光照射。但是如果仔细看，你会发现整个月球是微微发亮的。不论你相不相信，这都与地球有关系！

当太阳照射到地球的云层和海洋时，云层与海洋会把部分光线从不同的方向反射回太空。这些反射光会到达我们的邻居月球，微弱的光会照亮月球上处于夜间的区域。如同你在地球的夜晚可以看到的景色：皎洁的明月将它银色的光辉洒在大地上。

地球反射的光
在北半球的春天最亮。

1651年，意大利天文学家乔万尼·巴蒂斯塔·里乔利
给这些"海"起了动听的名字。

澄海
静海
危海
丰富海

月海

如果你从几十亿年前就在仰望月球，你会目睹太阳系中最壮观
的景象之一：一连串小行星像冰雹一样撞击月球，在月球表面凿出巨大
的坑洞，这些坑洞被人们称为盆地。

随着时间的推移，月球内部渗出的熔岩填满了这些巨大的"伤痕"。慢
慢地，熔岩冷却、凝固，形成了广阔、开放的平原，这就是我们今天在月
球表面看到的深灰色区域。早期的天文学家认为这些区域看起来像巨大的
水潭，所以称其为月海。这是一个相当有误导性的名字，因为月海里没有
波涛拍打海岸。相反，月球表面被名为"月壤"的细小粉末状岩石覆盖着。

月海比周围
坑坑洼洼的地方
更暗、更平坦。

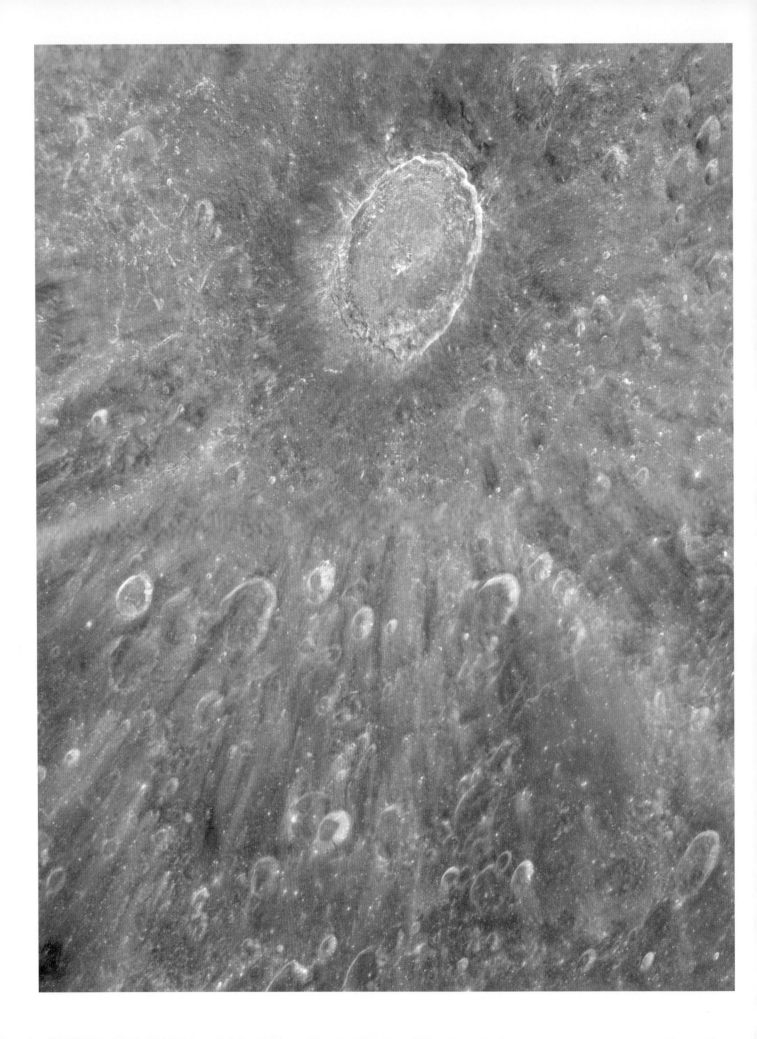

第谷环形山

第谷环形山

望远镜发明出来之后，敏锐的天文学家第一时间用它去观察月球，他们被看到的景象深深吸引了。月球银灰色表面的大片区域布满巨大的盘状陨星坑，地貌崎岖不平、坑坑洼洼。这些坑洞大多可能是陨星撞向月球并凿出月球表面大块物质的结果。

第谷环形山就是给人留下最深印象的月球陨星坑之一。形成第谷环形山的那次撞击十分猛烈，造成月球表面的一部分向上反弹，在坑的中心形成了山峰！依据那些从坑里延伸出来的明亮的辐射纹，你甚至能用一架小型望远镜看到撞击后碎片飞溅到了哪里。

第谷环形山非常大，甚至能装下整个伦敦。

科学家认为第谷环形山大约有 1 亿岁，
它还没有被其他小行星撞击摧毁。

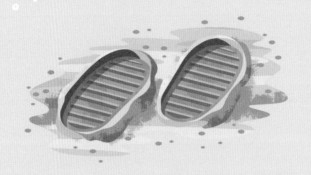

月球行走

迄今为止，只有 12 个人在月球表面上行走过。
第一个人是尼尔·阿姆斯特朗，他在 1969 年完成行走。

想象一下踏上另一个星球是怎样的感觉吧。那个地方的天空漆黑一片，没有空气，没有云朵，所以远处的风景看起来也清晰明了；那个地方没有树木或者其他植物，只有遍地的深灰色粉末，夹杂着许多陡峭的山岩与巨石。

20 世纪 60 年代末至 70 年代初的"阿波罗"计划中，去往月球表面的航天员们面对的就是这般景象。那是非同寻常的第一步，他们拍摄照片、进行实验，在一些任务中还要驾驶专门制造的月球车。月球上没有风和液态水影响月面，所以这些航天员的脚印在月球尘埃中留存到了今天。

你能找到
航天员的脚印吗？

太阳

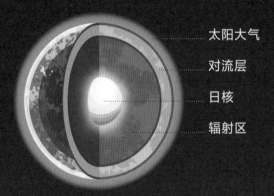

太阳大气
对流层
日核
辐射区

你知道吗？太阳也是一颗恒星，就和夜空中无数闪烁的光点一样。事实上，比起银河系里其他恒星，太阳相对较小，但它依旧是我们的行星家园——太阳系中所有天体围绕旋转的对象。而且，太阳的温暖与光芒让地球成了生命得以存在的地方。

太阳的能量来源于日核深处的反应。在那里超高的温度和压力下，过热的物质熔合或连接在一起。这个过程释放出能量，从核心向外扩散，形成了太阳这个在宇宙中穿行的炽热的发光球。

天文学家认为，
太阳还会有50亿年的寿命。

记住：永远不要直视太阳，它太亮了，
会损伤你的眼睛！

这幅图由 25 张
照片合成，展现了
太阳一年的活动。

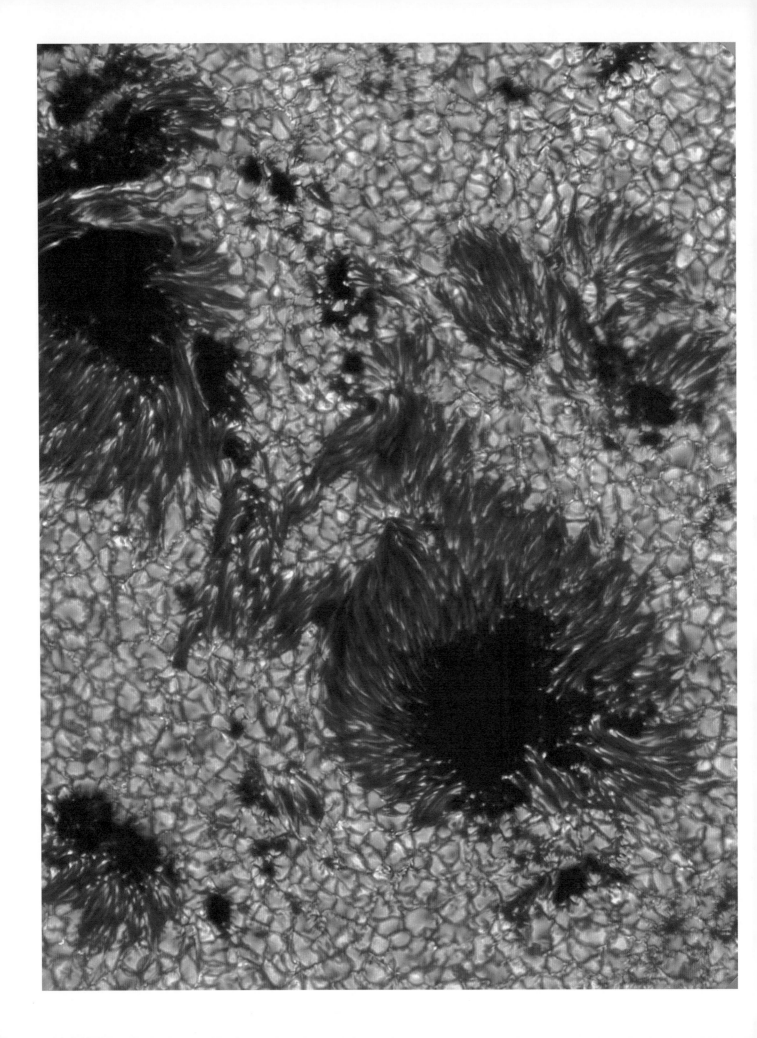

太阳黑子

单单一个太阳黑子都可能比地球还要大！

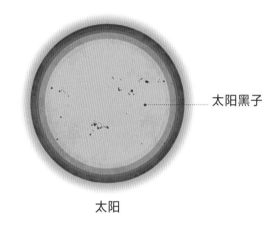

太阳黑子

太阳

太阳的表面与太阳系中其他任何地方都不同。数十亿年来，它每一秒都在沸腾和燃烧，产生难以想象的光和热。

天文学家把肉眼能看到的太阳表面层称作光球层，它有大约 5400 摄氏度。有时候，太阳内部形成的磁场会减少到达太阳表面层某些部分的热量，于是在那些部分会形成较冷、较暗的光球层斑块——太阳黑子。大一些的太阳黑子通常由两部分组成，暗色的核心称为本影，比较亮的边缘称为半影。太阳黑子可能持续数月，也可能短短几天后就消失了。

如瑞典太阳望远镜拍摄到的可见，
太阳黑子会成组出现。
　　　　　　　　　　　　一定要记住，永远别直视太阳！

太阳上的"雨"

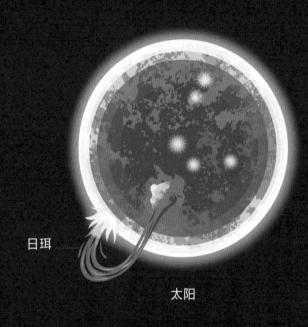

日珥 ....

太阳

从地球上看，太阳只不过是一个燃烧的光球。但在太空中，检测我们这颗恒星的空间探测器已经揭示了太阳表面和大气中发生的不可思议的事。

每隔一段时间，看起来像火一样的巨大弧形物就会从太阳上跃出。这些弧形物可以在短短几分钟内变化和移动。它们被称为日珥，由一种被称为等离子体的炽热物质构成。等离子体从太阳中爆发出来后，会沿太阳大气中环形磁场的弧形磁力线移动，然后以燃烧的气体形态跌落回太阳表面，科学家称之为冕雨。

**太阳会向地球喷射物质，
使地球上出现迷人的极光。**

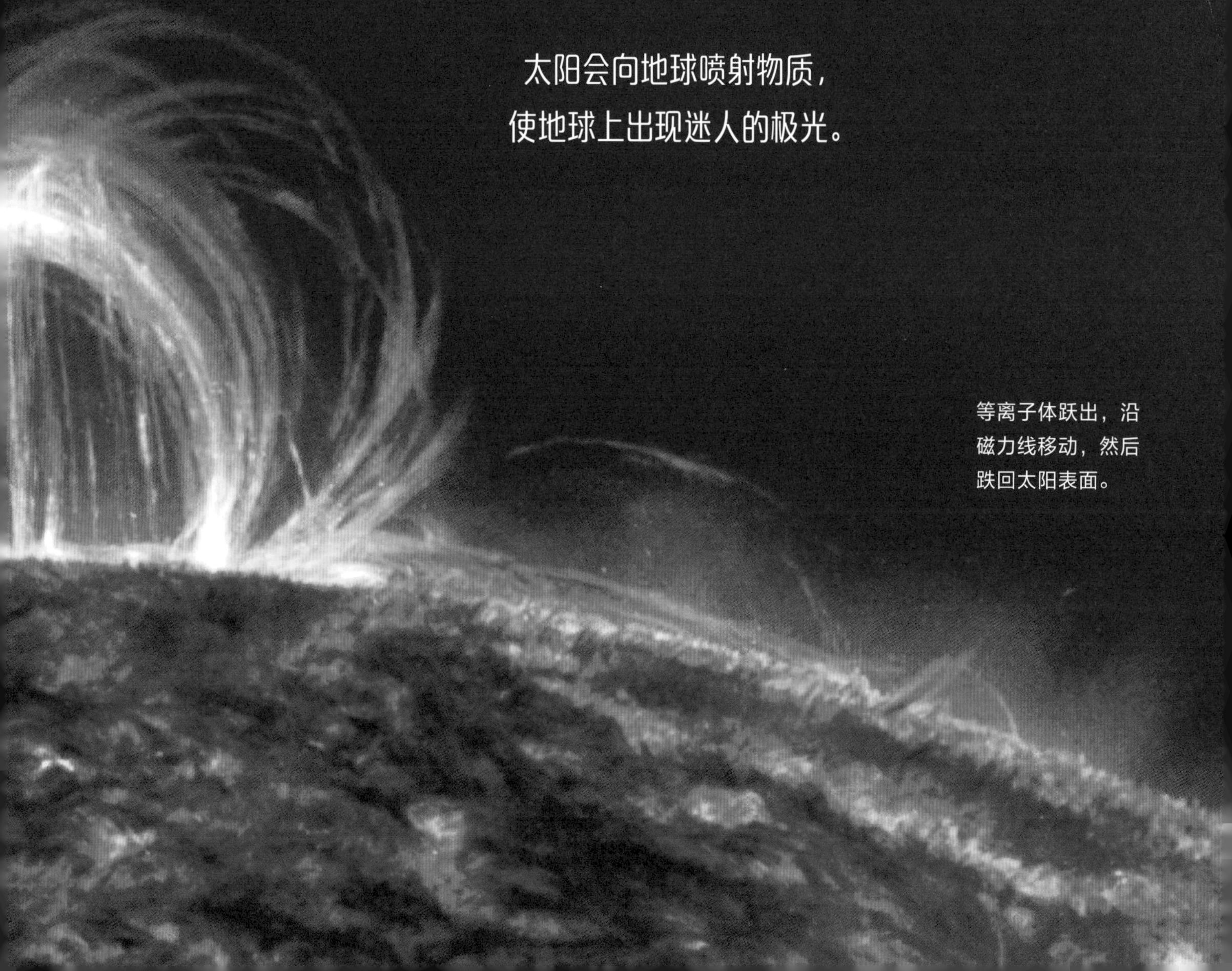

等离子体跃出，沿磁力线移动，然后跌回太阳表面。

日全食

日全食发生时，黑色月轮周围的银白色雾状物质
是太阳大气的最外层，叫作日冕。

有时候，月球的影子会扫过地球。这时，任何位于影子中最暗部分的人都会看到日全食。日全食通常每两年至少发生一次。

在这些激动人心的现象中，天空逐渐转为暮色，空气变得凉爽，动物们表现得像是在为夜间做准备。不久后，一种奇异的、银色的光洒在大地上，不一会儿就全变暗了，因为太阳完全被黑色圆盘一样的月球挡住了。这一现象就被称为日全食。当月球影子的最暗部分移开，日全食就结束了，而阳光会逐渐恢复。

一定要记住，永远别直视太阳！

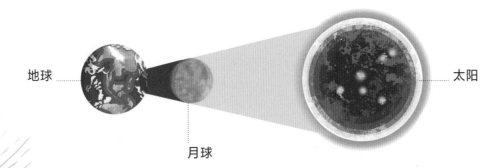

地球　　　　　　　　　　　　　　　　　　太阳

月球

这次日全食发生在 2016 年，
在印度尼西亚的大部分地方都能看见。

太阳系

宇宙中也许有另一个和太阳系一样的世界
在离太阳很远的地方运转着，
只是我们还没发现它！

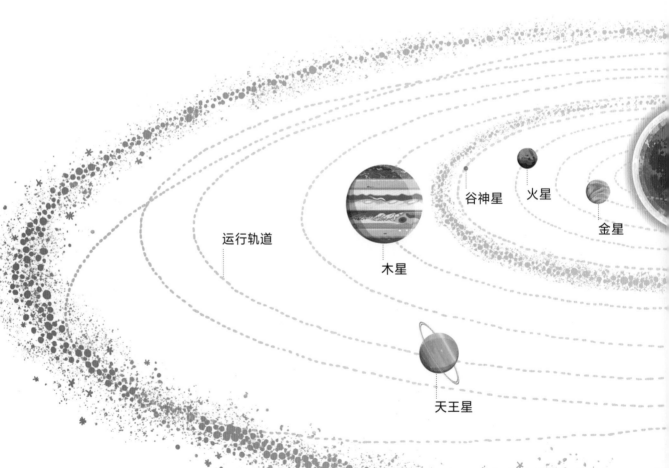

运行轨道

木星

谷神星　火星

金星

天王星

太阳位于一个巨大的天体家族的中心。这些天体都围绕太阳旋转。这个非凡的天体集合体称为太阳系。太阳系包括太阳、八大行星和它们的卫星，还有矮行星，比如冥王星和谷神星，以及一系列迷人的小行星、彗星，等等。与地球这样的行星比起来，小行星与彗星很小，但数量众多，它们成群结队地绕着太阳运转。

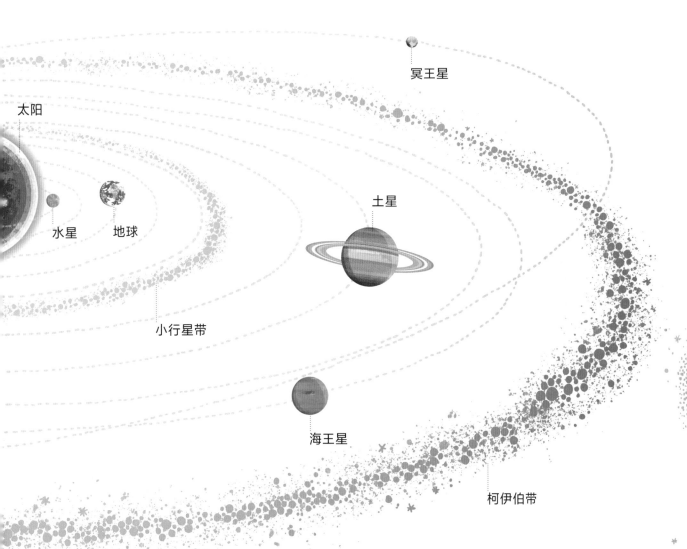

冥王星

太阳

水星　地球

小行星带

土星

海王星

柯伊伯带

金星

水星

岩质行星

太阳　　　　金星　　　　　●水星　　　　　　●金星　　　　　●地球　　　　　●火星

水星、金星和火星离地球非常近，
近到有时候不用望远镜也能看见。

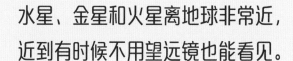

地球

火星

挤在太阳系中心位置的是四颗内行星：水星、
金星、地球和火星。像远一些的四颗行星一样，人们认为这
些行星诞生于环绕着新生太阳的巨大甜甜圈状"圆盘"，圆盘充
满了气体和尘埃。

一种理论认为，随着时间的推移，这个圆盘里开始形成小石块和卵石。
它们互相碰撞，彼此结合，形成了更大的物体，而这些物体最终融合，行
星就这样诞生了。内行星较小，由岩石和金属组成。科学家认为，这是因
为一些冰冷的物质——它们构成了那些遥远而巨大的气态巨行星——没办
法在离年轻太阳这么近的距离内忍受高温炙烤。

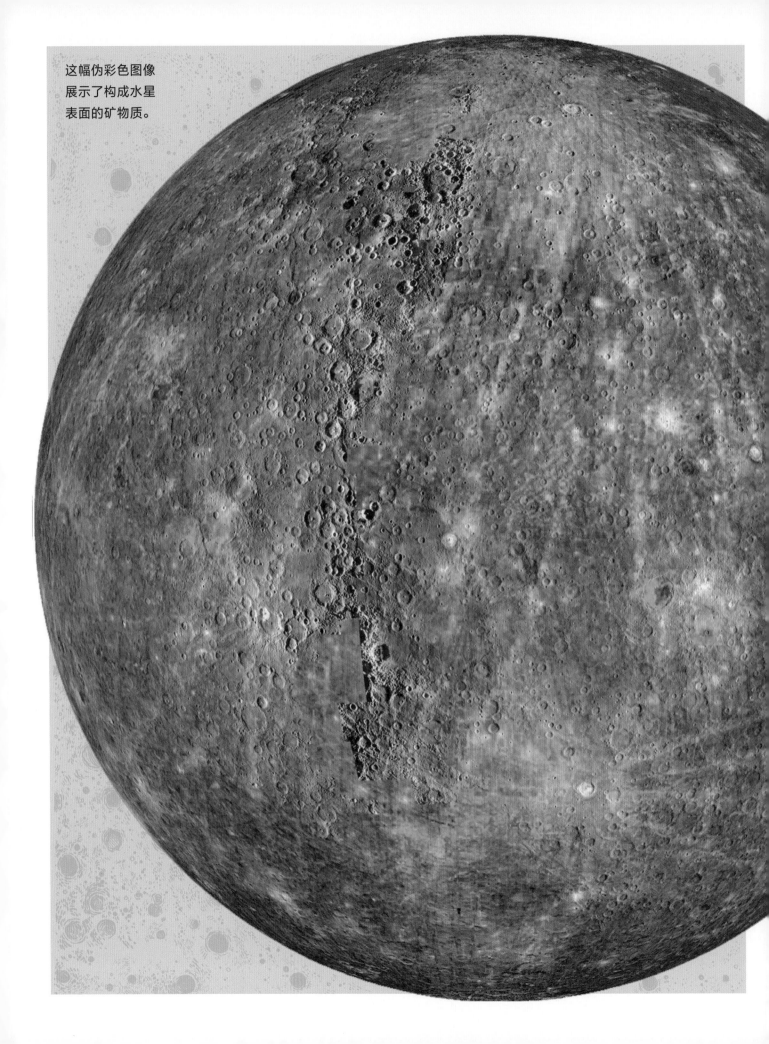

这幅伪彩色图像
展示了构成水星
表面的矿物质。

水星直径 4879 千米，
是太阳系内最小的行星。

水星

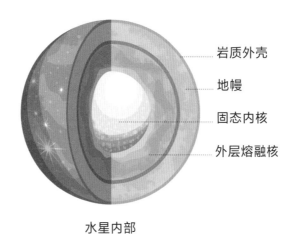

岩质外壳

地幔

固态内核

外层熔融核

水星内部

水星 的英文名 Mercury 是希腊神话中的"信使之神"的名字，
这很形象，因为水星绕太阳飞转，只要 88 天就能跑完一圈。水星是离
太阳最近的行星，它朝向太阳一面的温度可达到 430 摄氏度。

它的岩质外壳上有小行星和彗星等撞击的印迹，几乎整个地表都被陨
星坑覆盖。然而，水星上也藏着惊喜。在它的极地地区，深坑底部的一些
地方是炽烈的阳光无法照射到的，这些隐秘的阴暗处可能会藏着冰。

水星凌日

作为内行星，从地球上看，绕着太阳转的水星和金星有时候像是从太阳面前冲了过去。这是相当稀有的事件，叫作凌日。上一次水星凌日发生在 2019 年，而下一次会在 2032 年。

天文学家利用凌星现象来发现绕远离太阳系的恒星运行的行星。他们使用特殊的望远镜，记录下这些遥远恒星的亮度。如果有一颗恒星短暂地变暗，就可能是发生了凌星现象。也就是说，有行星从这颗恒星面前经过，并挡住了它的很小一部分光线。

1629 年，德国天文学家约翰尼斯·开普勒
是第一个预告水星凌日的人。

一定要记住，永远别直视太阳！

形成卡路里盆地的撞击非常猛烈，
它可能在水星上与卡路里盆地
相对的一侧创造了山丘。

卡路里盆地

卡路里盆地 ········

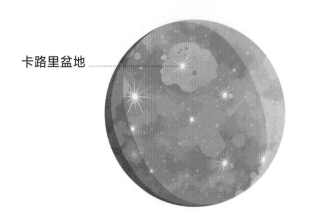

假设你是一位科学家，正在尝试解释这张水星表面图展示的惊人

景观。你觉得是什么造就了它中间巨大的圆圈形地貌？圆圈内小一些的撞

击坑比圆圈形地貌形成得早，还是晚呢？

你说这个圆圈是一个天体——比如巨大的小行星——撞击水星形

成的？答对了！这个巨大的圆圈称为卡路里盆地，它比法国的面积还大。

一些小撞击坑覆盖在卡路里盆地表面，所以它们肯定是在盆地之后形成的。

这就是科学家为了揭开太阳系的秘密而一直在做的"侦探"工作。

卡路里盆地中
散布着数百个小撞击坑。

金星

在夜空中，金星的亮度仅次于月球，
是亮度第二的自然天体。

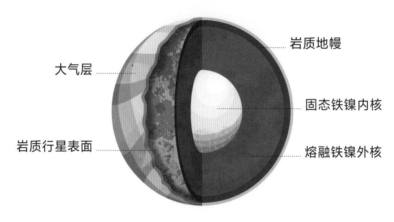

岩质地幔

大气层

固态铁镍内核

岩质行星表面

熔融铁镍外核

金星内部

即使距离地球最远可达 2.61 亿千米，金星仍然是离地球最近的行星

邻居之一。金星与地球大小几乎相同，所以它们有时候会被叫作姐妹星，

但它们的故事可大不相同。

有些科学家认为，在遥远的过去，金星上有液态水构成的海洋。但即

使有过，这些海洋也消失已久。金星表面如今只剩下厚厚的云层遮盖着的

火山地貌。我们对金星地表的了解只有一点点，大部分来自屈指可数的几

架探访过金星的空间探测器。其中一些探测器真正降落到了金星表面，在

那里，它们承受了近 460 摄氏度的高温炙烤和有毒的大气带来的巨大压力。

科学家认为，
云层下的金星看起来像这样。

金星上的火山

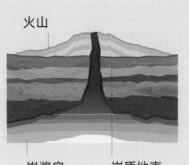

火山

岩浆房　　岩质地壳

金星上最高的火山之一是玛阿特山，
它是以古埃及神话中
真理女神玛阿特的名字命名的。

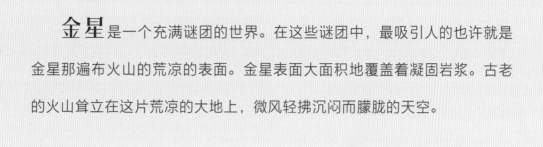

　　金星是一个充满谜团的世界。在这些谜团中，最吸引人的也许就是金星那遍布火山的荒凉的表面。金星表面大面积地覆盖着凝固岩浆。古老的火山耸立在这片荒凉的大地上，微风轻拂沉闷而朦胧的天空。

　　一些科学家认为，大约在 5 亿年前，一连串壮观的岩浆喷发淹没了金星上的大部分区域。今天，有几座火山甚至可能还在渗着岩浆。但要确认这一点，我们首先得把探测器送到金星上，更近距离地观察它。

玛阿特山高达 9 千米。

金星（Venus）以罗马神话中
爱和美的女神的名字命名。

致命的云层

有时候，金星在黑暗的夜空中看起来是一个耀眼的光点，它的亮度远胜其他行星。是什么给了金星这种迷人而闪亮的特质呢？答案就在这张图片里：金星的云顶是一种明亮的黄白色。

探访过金星的探测器传回的图片显示，巨大的、波浪形的云层延绵不绝，覆盖了金星。这些云层看上去很漂亮，但它们含有硫酸，而且飘浮在富含二氧化碳的厚重的、令人窒息的大气中。由酸构成的雨滴从云的顶层落下，它们在落地前就蒸发了。

金星的云层会困住热量，
这使得它成了太阳系内最热的行星。

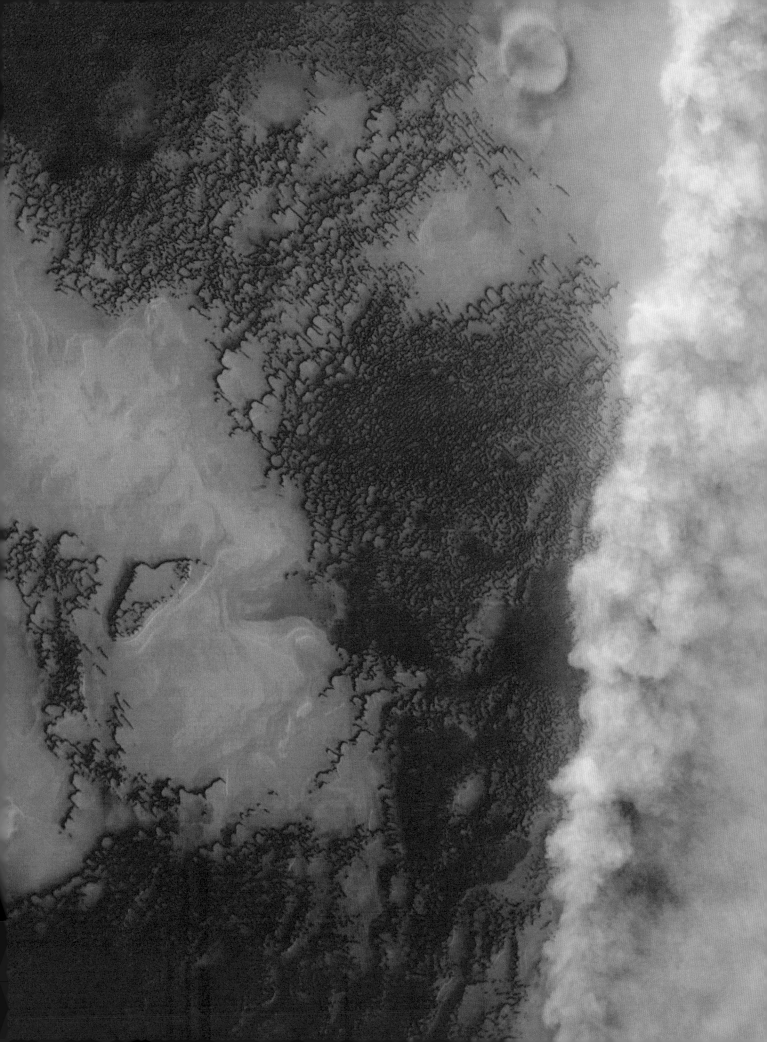

这张图片显示，
规模庞大的尘暴席卷火星。

火星

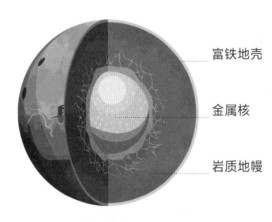

富铁地壳

金属核

岩质地幔

火星内部

向着远离太阳的方向"前行"，我们会遇见一个人类也许会在将来某一天探访的世界——火星。许多个世纪以来，人类一直看着火星，想象这个小小星球上藏着什么样的奇迹。如今，人们对火星这颗"红色行星"的了解比以前多多了。

在你读到这些文字的时候，很可能就有巡视器或着陆器正在那遍布沙石的火星表面探索着，或者是装配着相机的航天器正在火星上空盘旋，拍下激动人心的画面。现在我们知道，火星上布满被大风侵袭的平原、巨大的峡谷与火山山峰。不过，火星上的岩石与山谷也告诉我们，它以前并不是那么荒凉，那么尘土飞扬。这里曾经可能存在生命吗？

**火星（Mars）以古罗马神话中战神的名字命名，
因为它的红色会让人们想起鲜血。**

水手号峡谷

在未来，如果有航天员去往火星，他们将会看到的最壮观的地貌就是水手号峡谷（也叫水手峡谷）。这个巨大的峡谷是一条深深的、几乎笔直的凹槽，它"刻"在火星表面，延绵 2200 千米，比整个意大利还要长！水手号峡谷是如何形成的呢？直到今天，这仍然是一个巨大的谜。科学家对此有很多看法。比如，有些科学家认为，火星地壳断裂，导致一条长而宽阔的地面下沉，形成了水手号峡谷。

在某些地方，水手号峡谷的崖壁急剧倾斜而下，
落差可达 10 千米，令人寒毛直竖。
相比之下，
地球上的科罗拉多大峡谷就是个小不点儿！

水手号峡谷
看起来像火星表面的
一道巨大伤痕。

奥林波斯山

也许奥林波斯山从远处看起来不高，
但实际上，它比珠穆朗玛峰的两倍还高。

奥林波斯山

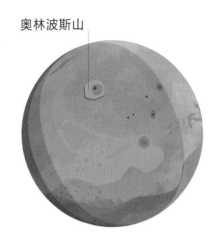

要是比一比谁有壮观的火山，火星一定可以拔得头筹。雄壮的奥林波斯山是一座盾状火山，它的底部非常宽广，侧翼坡度平缓。它比地球上任何一座火山都大。从山底到山顶，奥林波斯山逐渐拔高，直插火星的天空，高度达到令人难以置信的 21.9 千米；它宽约 640 千米，一架喷气式飞机要飞过它需要花费 40 多分钟。有人认为，奥林波斯山形成于大约 36 亿年前，当时，大量岩浆从火星内部渗漏出来。

奥林波斯山的火山口
跟卢森堡差不多大！

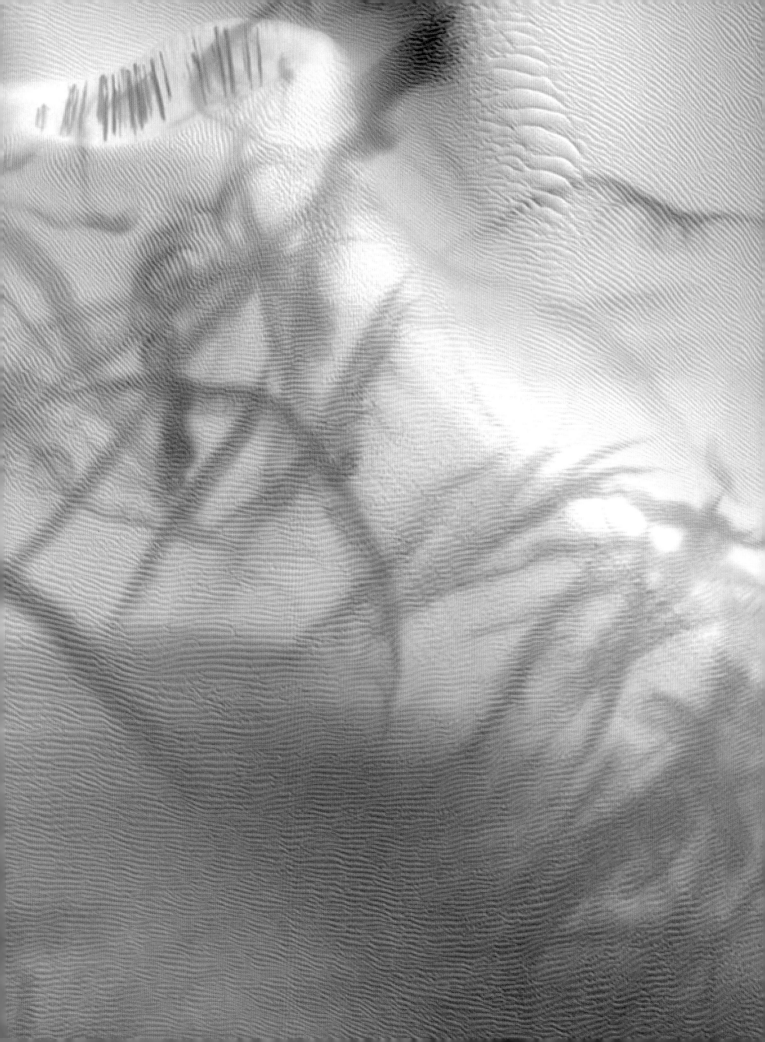

火星尘卷风

看看火星表面这些奇怪的痕迹，像不像有人在火星的尘土上涂鸦？事实上，"涂鸦"的并不是某人，而是某物。尘卷风是一种像小型龙卷风一样旋转的空气旋涡。它们从地面呼啸而过，留下痕迹，记录了行踪。

许多航天器都捕捉到过这些旋风在火星上飞舞的情景，而且火星的天空中还有其他尘土飞扬的现象：规模庞大的尘卷风偶尔会搅动火星大气，将整个火星笼罩在浑浊的褐色尘埃中。

火星上的风
有助于清理火星探测器
太阳能电池板上的尘埃。

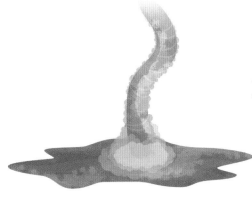

尘卷风在火星布满尘埃的表面
留下暗色的印记。

火星上的水

如果今天的你能用某种方式在火星上安全地行走，你很可能只听得到轻风吹过大地，或者偶尔有巨大尘卷风刮过的声音。然而，如果在几十亿年前，你也许还能听到海浪的拍打声，或许还能看到河流咆哮着从火星岩石上奔涌而过。

之所以会有这样的猜想，是因为科学家在火星各处都发现了线索，这些线索表明了火星表面如何被大量的液态水雕刻而成。火星轨道上的航天器拍到了干涸的河床和水道；而在火星地表，探测器也发现了只有在含水环境中才能形成的岩石和矿物质。

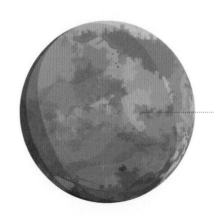

这可能是火星在
很多年前看起来
的样子！

**火星的北半球
有可能存在过一片巨大的海洋。**

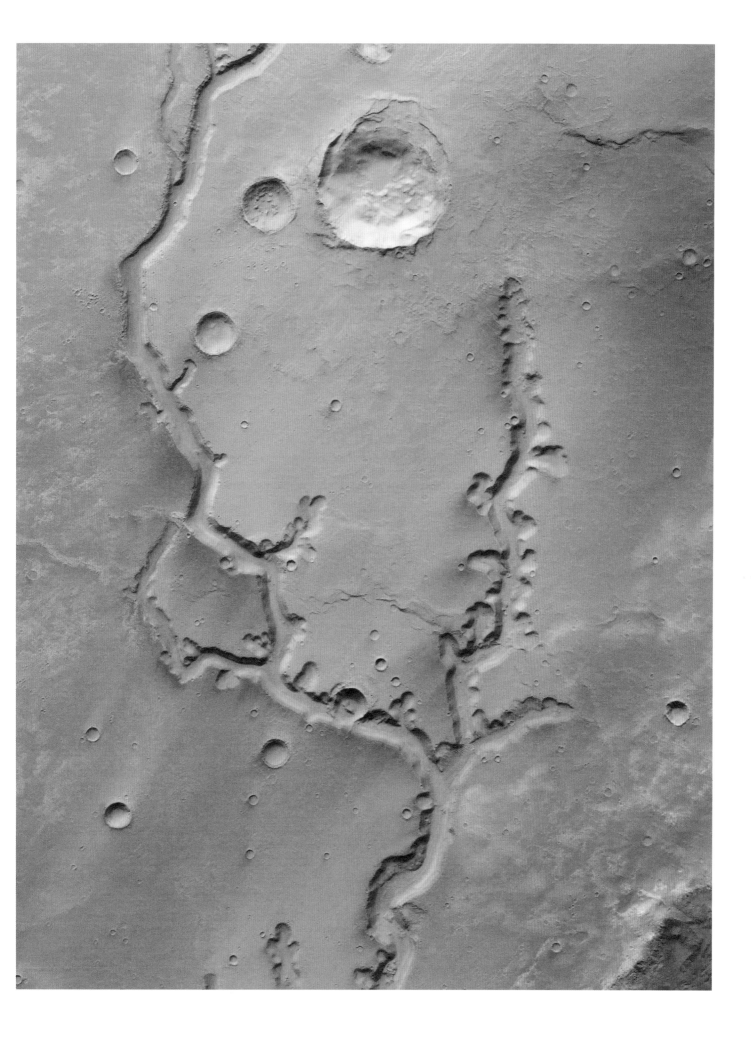

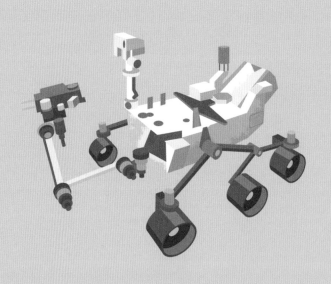

探索火星

火星的颜色主要来自它土壤中的氧化铁，
铁锈呈橙红色也是因为这种物质。

第一批访问火星的人可能会觉得，火星看起来有点像自己的地球家园。在火星，岩质丘陵与陡峭的山崖在棕红色的土壤上若隐若现，山谷穿过沙漠般的平原，大片的沙丘延伸到地平线。

不过，在朦胧的天空下，早期的探险者很快就发现了火星这颗红色星球与地球多么不同。他们需要穿戴保护装备抵御来自太阳的强烈的紫外线；而且由于火星上遍布着大大小小的陨星坑，他们只能徒步穿越崎岖不平的大地。美国国家航空航天局（NASA）的"好奇号"火星车已经在火星上漫游了多年，检测这颗星球的大气与地质情况。在未来，机器人也许会从火星表面挖掘到地下深处，看看那里的条件是否支持生命的存在。

2012 年，"好奇号"火星车在火星上着陆，探索它的环境。

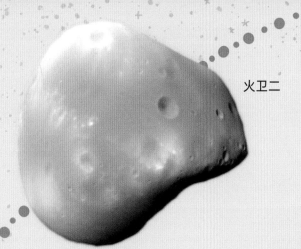

火卫二

火卫一（Phobos）和
火卫二（Deimos）是以拉动罗马战神
战车的两匹马的名字来命名的。

火星的卫星

火星有两颗卫星，分别叫火卫一和火卫二。火卫一相对比较大，直径约 23 千米，火卫二直径约 12 千米。科学家并不确定这两颗卫星从何而来。它们可能是被火星引力俘获的小行星，也可能是很久以前一颗巨大的小行星撞击火星后产生的残骸。这两颗卫星形状怪异，主要是因为它们体积不够大，其自身引力不足以像太阳系的行星那样将自己拉成一个球形。

在围绕火星运行的过程中，火卫一正在非常缓慢地向火星靠近。预计在 3000 万年内，它甚至可能落到火星表面上——想象一下那会是怎样的景象吧！

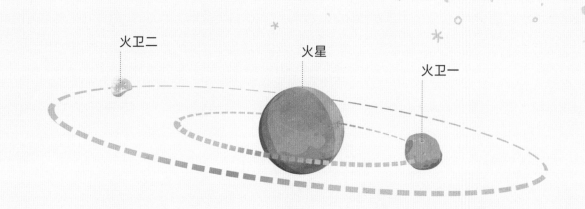

火卫二　　　火星　　　火卫一

火卫一

灶神星

艾达

小行星

你知道吗？太阳系里飘浮着无数块状天体——小行星。小行星是行星形成后残留的物质。有些小行星几乎全由岩石构成，有些则由不同的金属构成。在太阳系里，许多小行星都位于火星与木星之间巨大的环带中，这条环带被称为小行星带。不过也有许多小行星散布在小行星带之外的各处，而且可能还有更多的小行星是我们没发现的呢！

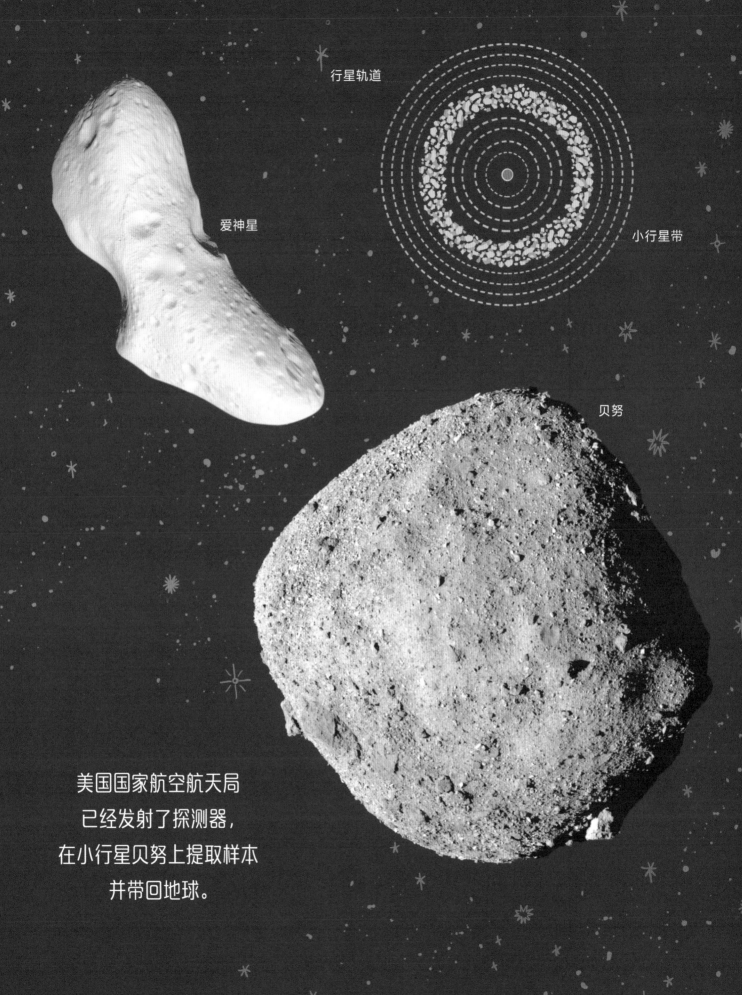

行星轨道

爱神星

小行星带

贝努

美国国家航空航天局
已经发射了探测器，
在小行星贝努上提取样本
并带回地球。

谷神星

谷神星是太阳系五颗矮行星之一。

冰壳

含泥盐水

在火星和木星之间的小行星主带内，有一颗天体也许是了解太阳系岩质内行星成因的关键。这颗圆形天体叫作谷神星，直径约 940 千米，远远大于小行星带里其他的块状天体。

谷神星的表面下似乎有大量的冰，这也是科学家被其吸引的重要原因。研究这颗坑坑洼洼的冰冻星球也许能给我们提供一些有关地球海洋成因的线索。谷神星的代表性地貌之一是阿胡那山，它可能是一座冰火山。这种火山由含泥盐水喷发形成，而不是由熔岩喷发形成。

美国国家航空航天局派出的"黎明号"探测器于 2015 年发现了阿胡那山。

木星

外行星

在小行星带的"碎石堆"之外，是太阳系中的外行星王国，包含木星、土星、天王星和海王星。这四颗行星有着由氢和氦等气体构成的厚厚的大气，分布在广阔无垠的远方。一些科学家认为，在几十亿年前，这些外行星在太阳系内互相推挤，使得它们围绕太阳的轨道发生了变动，有的轨道甚至交换了位置！这些剧烈的变化使小行星和其他小天体分散向不同方向，于是有了如今的太阳系。

太阳

岩质
行星

木星

土星

天王星

海王星

土星

天王星

最小的外行星是海王星，
可它的直径是地球的
将近四倍！

海王星

73

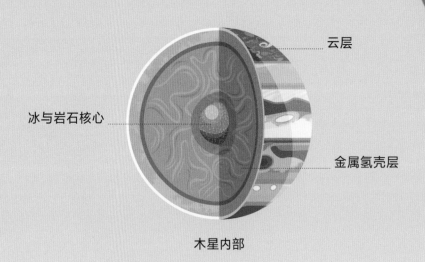

云层

冰与岩石核心

金属氢壳层

木星内部

木星

木卫一

木星 是太阳系中最大的行星，11 个地球连在一起都没有它宽。这巨大的体积意味着，尽管木星离地球很远，我们仍然能偶尔看到它像一个闪亮的光点一样挂在夜空中。

如果借助一副好的双筒望远镜仔细观察，你也许能发现木星最大的那四颗卫星：木卫一、木卫二、木卫三、木卫四。这几颗卫星绕木星运行时，会夜复一夜地变换位置，所以偶尔有这种情况：从地球上看，这四颗卫星一起不见了。如今，我们已经知道有至少 79 颗卫星在绕木星运行，不过也许还有更小的卫星没被发现！

有一条 "海豚"
潜伏在木星的云层图案中。
你能找到它吗?

木星一天的时间只有约 10 小时。
它转得太快,
以至于行星中部都向外凸了出来!

木星大气主要由氢气和氦气构成，
但它还含有其他气体，比如难闻的氨气。

旋转的云

如果你能飞到木星上空去俯瞰它的云层，这就是你会看到的景色：巨大的旋涡和淡色的涟漪向远方延伸，直到视野的尽头。有的云团会高高耸立，向下方的云层投下巨大的阴影。如果你观察的时间足够长，还能看到木星的整个大气汹涌澎湃地流动着。

如果把你"乘坐"的航天器升高，你就会发现整个木星看上去是有"条纹"的，天文学家把浅色的大气称为区，把深色的称为带。

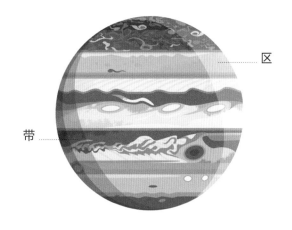

区

带

这张彩色图像显示了
木星北半球的云层。

风暴之星

木星（Jupiter）以罗马主神的名字命名。
罗马主神同时也是天空与雷霆之神。

木星有厚厚的大气，那是无数猛烈的、旋涡状的风暴的家园。这些风暴大小不一，有形成快消亡也快的小型风暴，也有可以持续数月甚至数年的巨型风暴。木星上最大的风暴也是全太阳系最有名的风暴，名叫"大红斑"，这个名字很形象——它比地球还大，风暴中橙红色的云系已经旋转肆虐了几百年，甚至可能更久！

这么多年来，"大红斑"的形状和大小都发生了改变。

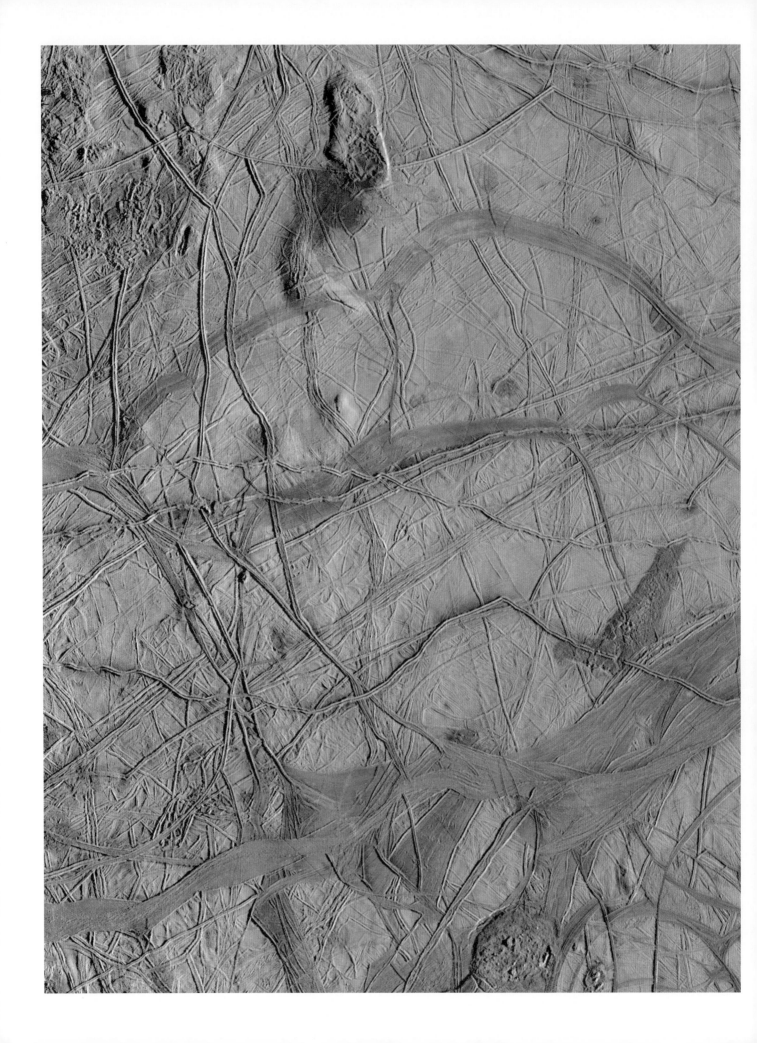

这张图片显示了
木卫二碎裂的表面。

木卫二

在木卫二上的某些地方，构成地壳的冰层厚度
甚至要大于地球上最深海洋的深度！

木星的卫星木卫二是一个迷人的星球。1610 年，意大利观星者伽
利略·伽利莱陆续发现了木星的四颗卫星，所以这四颗卫星也被称作伽利
略卫星，木卫二就是其中之一。木卫二被一层厚厚的冰壳所覆盖，陨星坑
相对较少，但遍布巨大的裂缝和裂纹。它的表面还有奇怪的红褐色条纹，
科学家现在还不能完全解释这些条纹是什么。

人们认为，木卫二断裂的地壳下有一层液态水。因此，天体生物学
家对这颗迷人的卫星充满了兴趣，因为他们研究的就是生命能否存在于
其他行星上且能怎样存在。那片遥远冰层下的黑暗海洋中会不会有什么生
命呢？

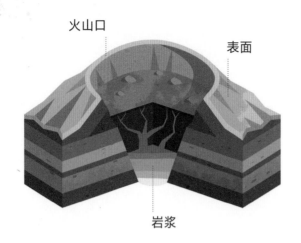

火山口

表面

岩浆

木卫一 与它的火山

你能想象出在木卫一上徒步旅行会是什么样吗？那可不会是什么有趣的经历。木卫一那与众不同的亮黄色来源于一种难闻且有毒的化学物质——硫。这些硫产生于这颗小小卫星上次数繁多的火山活动。

你看，木卫一上有着密密麻麻的火山，其中有些是活火山，而且正在爆发。多亏了那些探访过木星及其卫星家族的航天器，我们知道木卫一表面有翻腾着岩浆的坑洞，猛烈的火山喷发像喷泉一样把含硫气体高高地喷射到太空中。如果你计划在太阳系进行一次旅行，那木卫一绝对是你要避开的地方！

"伽利略号"探测器发现的迹象表明，
木卫一上存在超过 100 个火山。

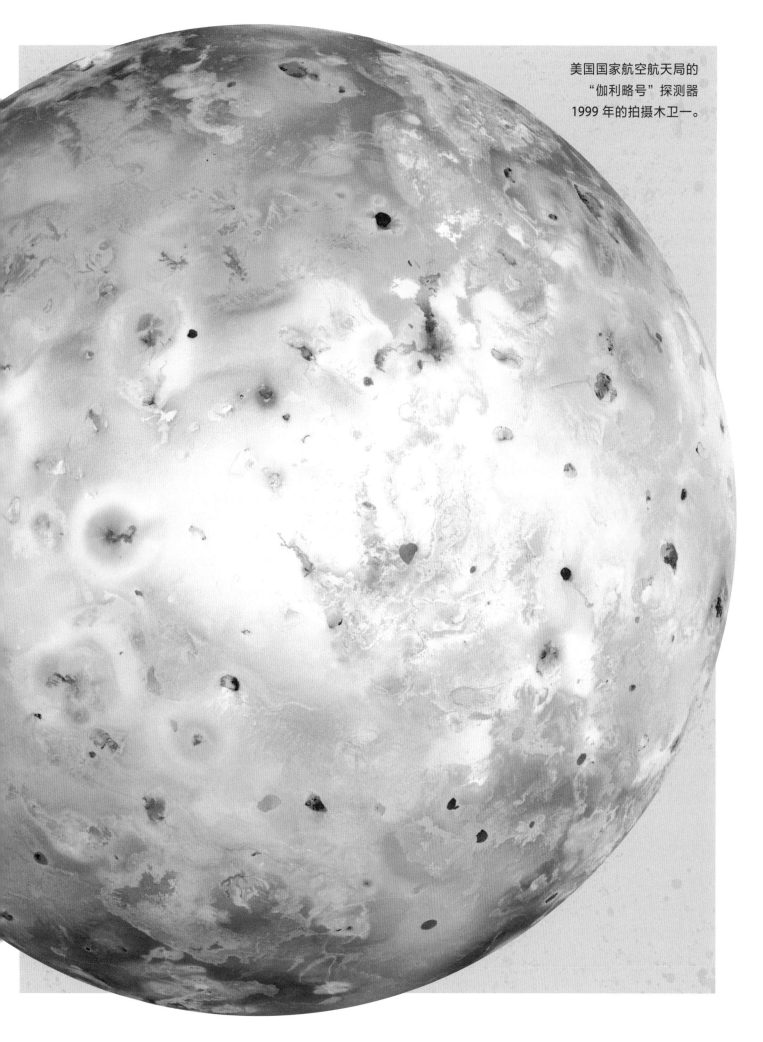

美国国家航空航天局的
"伽利略号"探测器
1999 年的拍摄木卫一。

木卫三
和木卫四

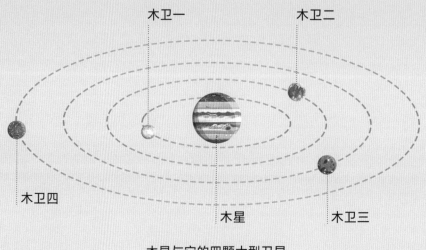

木卫一   木卫二

木卫四   木星   木卫三

木星与它的四颗大型卫星

木卫三和木卫四是太阳系中最大的两颗卫星。事实上，木卫三比身为行星的水星还大！像太阳系中的许多天体一样，这两颗卫星上也遍布陨星坑。虽然它们乍看像是岩石构成的球体，但它们实际上都有寒冷的、冰封的表面。

科学家计划在 2023 年向木星发射一艘飞船，由冰质木卫探测器（Jupiter Icy Moons Explorer，JUICE）去研究探索。这项计划也许能揭开木卫三和木卫四的成分，以及它们冰封的外层下所隐藏的秘密。这可能会告诉我们这两颗卫星或者其他相似卫星是否有生命可以存活的地方。

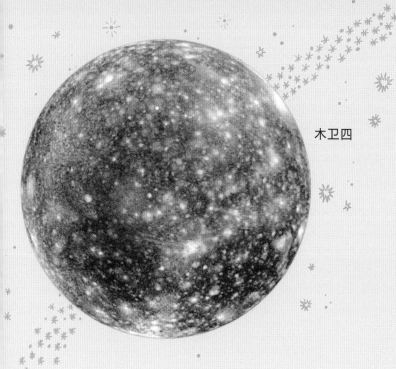

木卫四

木卫三和木卫四表面之下
很深的地方可能藏着
液态水构成的海洋。

木卫三

土卫二

土卫三

氢气与氦气

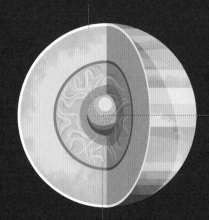

岩石与冰的核心

金属氢

土星内部

和地球一样，
木星和土星的极地区域
也有极光。

土星

土星周围环绕着精美的星环系统，它是太阳系第二大的行星。就像它的邻居木星一样，土星是一颗主要由气体构成的巨大行星，也许还有一个由岩石和冰构成的核心。土星虽然非常大，密度却不是很高——要是有足够大的游泳池，土星还能漂浮在里面呢！

土星有 82 颗卫星，这让它成了太阳系里拥有已知的最大卫星家族的行星。它的一些卫星很大，比如球形的土卫二（见第 94 页）；有些卫星则小小的，像土豆一样，在星环边缘优雅地舞动着。还有其他卫星有着很奇怪的构成成分，比如土卫七，它看起来像块松软的海绵！

土星的一些卫星对土星环形状的塑造起了重要作用，
它们的引力把星环上的物质保持在合适的位置。

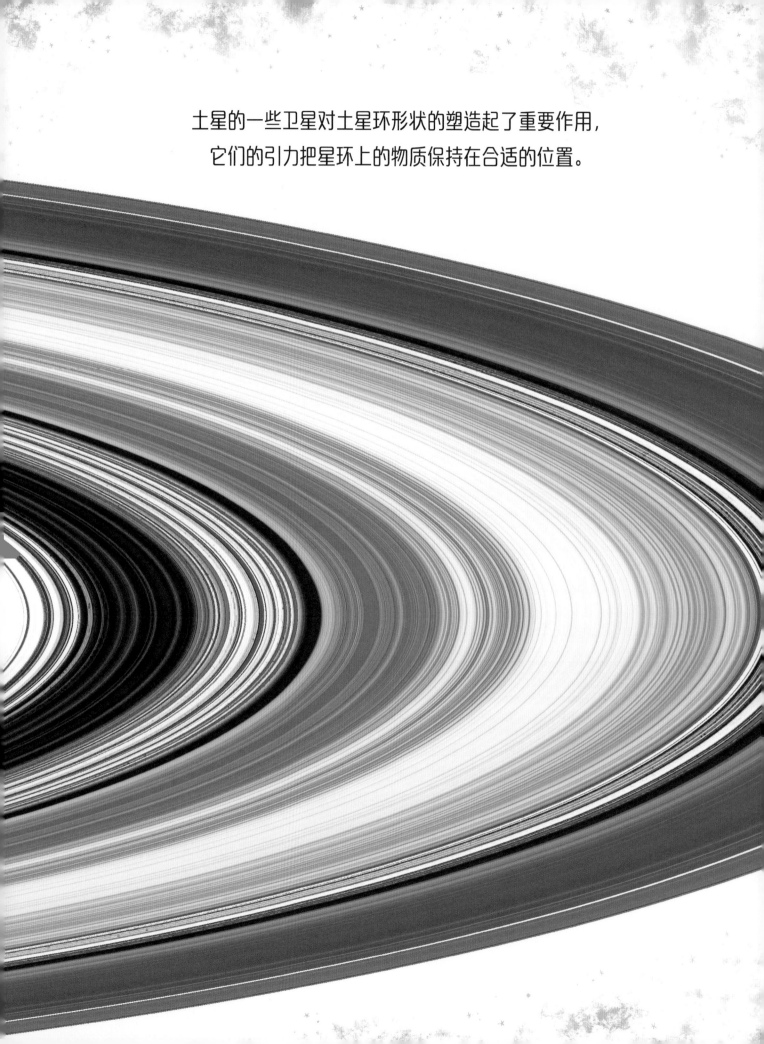

冰之环

如果亲眼见到土星宏伟的光环系统，你会觉得它看起来像一团雪。不过天文学家不确定这些冰块为什么会绕着土星运转。有一种看法是，这些物质是土星卫星的残骸，这些卫星被土星巨大的引力扭曲拉扯，最终变得支离破碎。这些团块大小不一，从细小的颗粒到网球场那么大的都有。

如果再近距离观察，你会发现土星环是由一条条独立的"溪流"组成的。有些"溪流"看上去紧紧地挤在一起，有些则隔着很大的空隙。土星周围主要的星环系直径约28万千米，但它们薄得惊人——最薄的部分只有大约10米厚！

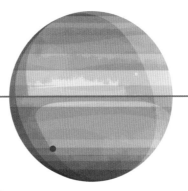

从侧面看，土星环几乎消失在视野中。

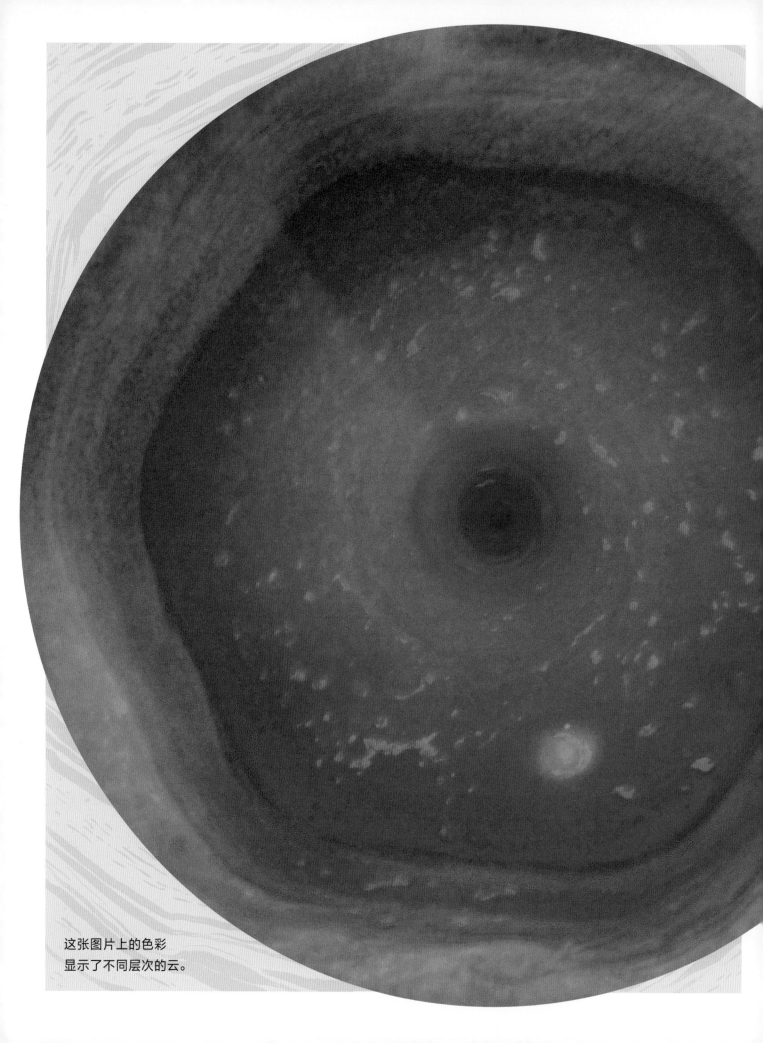

这张图片上的色彩
显示了不同层次的云。

土星的
极地六边形

土星的极地六边形
中心有一团飓风。

在土星北极的上方，你会看到一个壮观的图形。这是一个被称为极地六边形的云层图案，你能看出它的六条边吗？

科学家认为，这种奇怪的现象是由某种大气气流引起的。当云飘过土星极地的天空时，这股气流引导云层流动，有点像弯曲的河床影响水流的方向。对这个六边形旋涡核心部分的特写图像显示，有高耸的风暴云在这个壮阔的旋涡中盘旋着。

你可以把地球、月球和火星
一个挨一个地塞进土星的极地六边形里，
依然绰绰有余！

土卫六

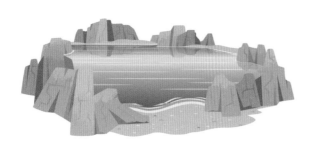

土卫六上最大的海叫克拉肯海，
是以传说中的深海怪物的名字命名的。

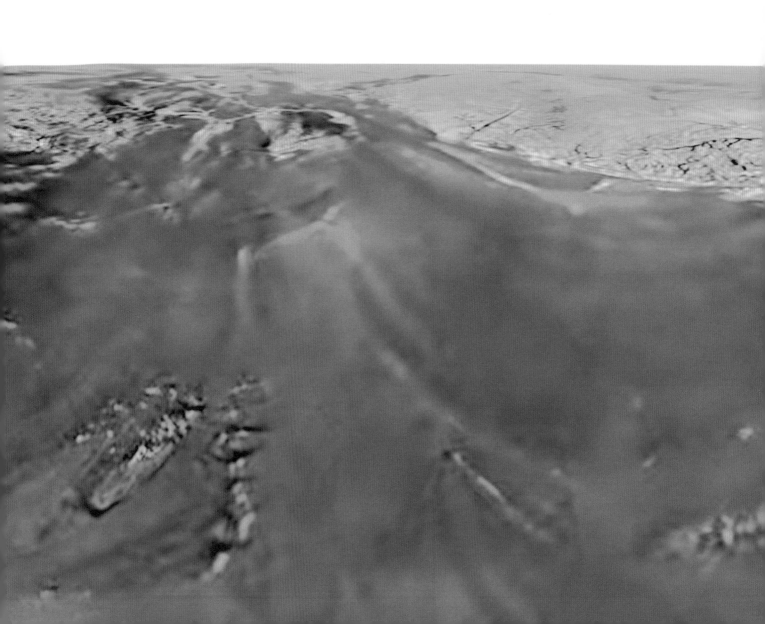

土卫六是土星最大的卫星，它有厚厚的大气，主要由氮气构成。雾蒙蒙的大气下绵延着冰封景观，包括丘陵、山谷和广袤的平原。

在地球上，甲烷和乙烷通常以气体的形态存在。但是土卫六上的气温很低，低到这些化学物质只能是液态的。它们在土卫六表面汇集成巨大的湖泊。"卡西尼号"航天器在土卫六发现了像河道一样的蜿蜒地形，它们很有可能就是这种液体"雕刻"出来的。2005 年，"惠更斯号"探测器登陆土卫六，并发回了冰卵石散布在土卫六表面的照片。

土卫六的表面布满山脊和山谷，
如同涟漪一般。

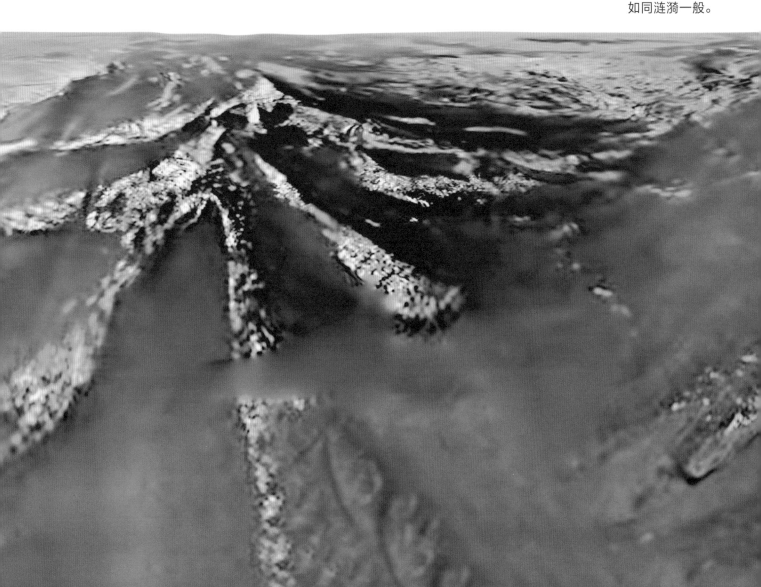

土卫二

土卫二是一个白色的世界，看上去就像有一队身形巨大的溜冰者曾经在它的表面舞动，留下了深深的滑痕。当科学家试图弄清太阳系的其他地方是否可能存在生命时，美丽的土卫二的环境让他们非常兴奋。

科学家相信，土卫二满是"滑痕"的冰面下有一片海洋。它的海底甚至有海底热泉，那里的温水在岩石中打转。但这些还算不上这颗遥远的卫星上最令人兴奋的东西，当"卡西尼号"航天器围绕着土星"侦察"时，它发现巨大的冰冷物质喷泉正从土卫二的冰壳裂缝中喷涌而出。这些发现是否意味着这颗卫星可以支持生命活动呢？我们还不知道，也许必须亲自探访那里，才可以找到答案……

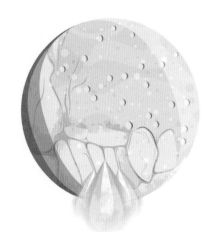

从土卫二的喷泉中喷发出的冰粒
绕着土星形成了一个雾蒙蒙的环，
叫作土星 E 环。

土卫二的冰壳是白色的，
布满裂缝。

土卫八在距离土星超过 350 万千米
的地方绕土星运转，这个距离
比地月距离的 9 倍还大。

你能看见这颗卫星上崎岖不平的山脊
在一侧探出头来吗？

土卫八

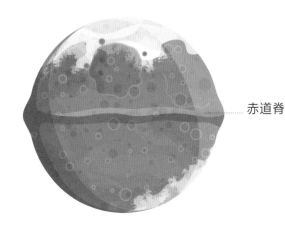

赤道脊

你觉得土卫八的表面为什么有这么多斑点呢？你认为这些斑点是泥点子？恭喜你，差不多啦！科学家认为这些物质是尘埃，它们从土卫九——土星的另一颗卫星被炸飞，而后落到了土卫八上。

再来找找土卫八另一个奇怪的特征。在土卫八的中部，你也许能看到奇异的山脊绵延在土卫八的部分赤道上。人们称其为赤道脊。赤道脊是如何形成的呢？这仍然是一个谜。它可能是在土卫八形成后的内部挤压中"跳"出地面的，也可能是这颗卫星在某一段时间自转太快形成的，甚至可能是太空岩石在卫星表面堆积而成的。

天王星有五颗主要卫星，
其中天卫五以高耸的悬崖著称，
那些悬崖有数千米高。

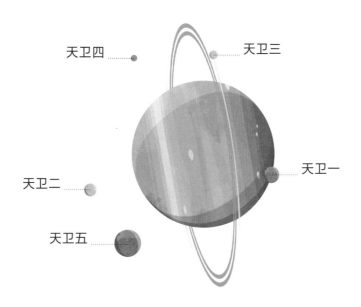

天卫四 ⋯⋯⋯⋯⋯
天卫三
天卫二 ⋯⋯⋯⋯⋯
天卫一
天卫五 ⋯⋯⋯⋯⋯

天王星

天王星远离温暖的太阳，在寒冷的太空深处缓缓运转。天王星也有光环系统和一系列小卫星，但与其他行星比起来，它也有一点不同——它的自转轴是倾斜的，所以它是"侧躺"着绕太阳运行。造成这一现象的一个可能的原因是，很久以前，这颗行星跟另一颗星球相撞了。

天王星的大气主要由氢气、氦气和甲烷构成。没有人确切地知道天王星厚厚的云层下究竟藏着什么，不过那很有可能是冰与岩石构成的核心。

这张图上的明亮
斑点是极光。

海王星

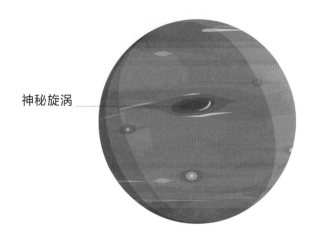

神秘旋涡 ......

有时候，黑暗的旋涡与明亮的云层会出现
在海王星那深蓝色的大气中。

我们很难想象从太阳到海王星有多远。那距离大概有 45 亿千米，换句话说，如果以每小时 80 千米的速度驾车穿越太空，你得花上 6000 多年才能到达海王星。

因为距离太阳太远，海王星要花 164 个地球年才能完整绕太阳一周。在海王星上，狂风会刮过它那厚厚的大气。它的大气主要由氢气和氦气构成，也包含其他气体，如甲烷等。海王星内部有恐怖的高温和高压，因此有的科学家认为，它深藏的内部会有钻石正在成型和盘旋——想象一下钻石雨！

"旅行者 2 号"空间探测器
于 1989 年探访了海王星。

海卫一的
南半球

海卫一

海卫一是海王星最大的卫星，它是从哪儿来的？这个问题看起来可能有些奇怪，但也确实让天文学家思索已久。这是因为，一些科学家认为海卫一可能曾在太阳系外自由飘浮，后来才被海王星的引力俘获。

就像太阳系中其他遥远天体一样，海卫一是一个寒冷的冰雪世界。如果凑近了观察，你会看到海卫一上有些地方有暗色"污渍"，人们认为，这些是强力的间歇泉从这颗星球的冰冻表面下喷射出氮气后留下来的。

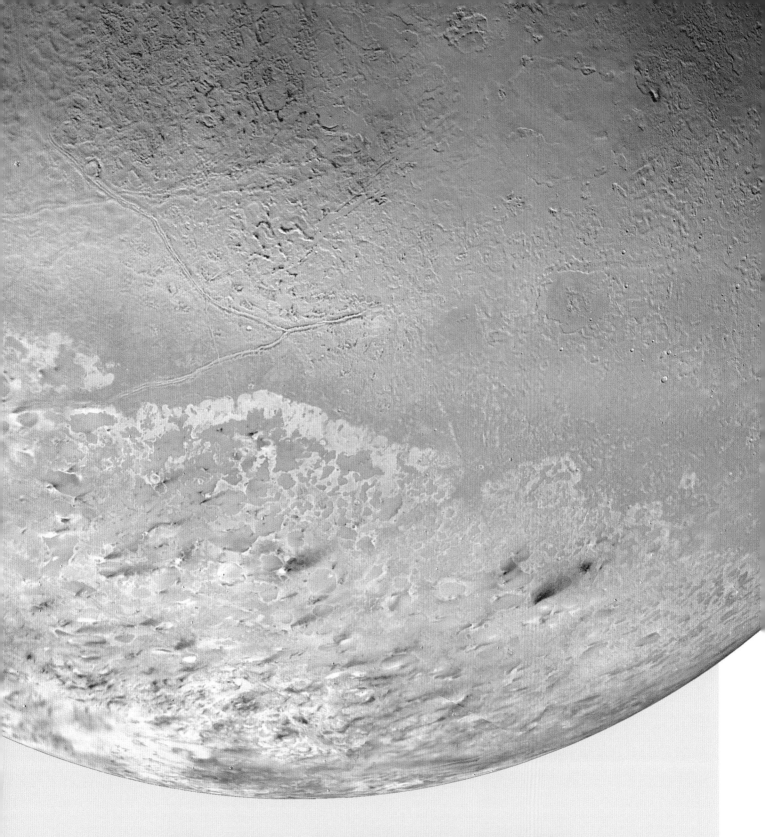

海卫一（Triton）是以希腊海洋神祇的名字命名的，
人们认为他可以用海螺壳作为号角，
平息刮着狂风暴雨的川流与大海。

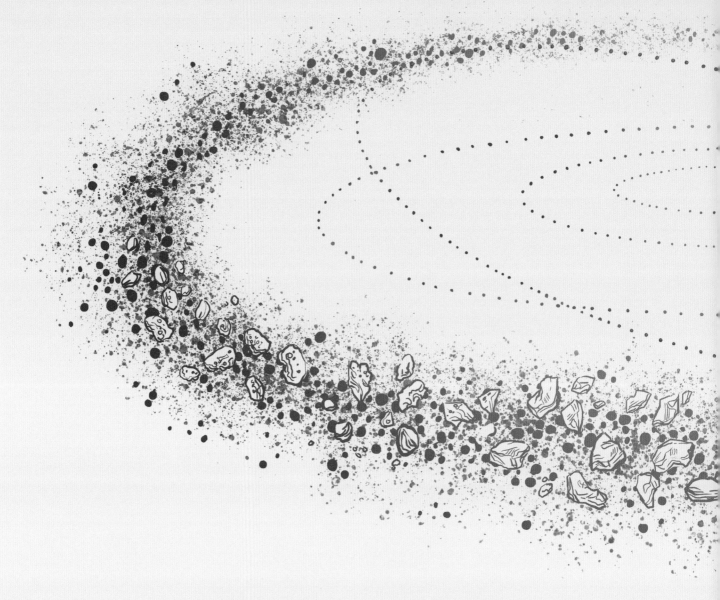

柯伊伯带

除冥王星之外，
第一颗柯伊伯带天体
发现于 1992 年。

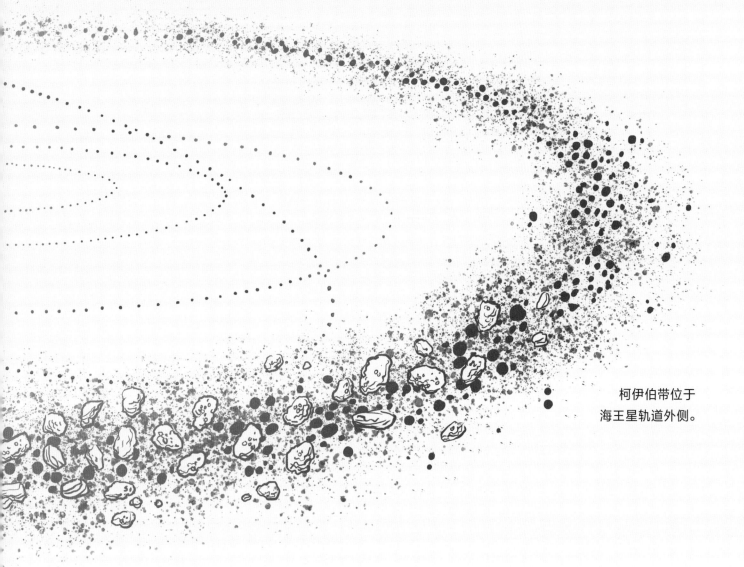

柯伊伯带位于
海王星轨道外侧。

如果从海王星向更远的地方探寻，你会到达一个巨型甜甜圈一样的领域——柯伊伯带。它包含数千颗太阳系早期遗留下来的冰冻小行星，也是冥王星和其他三颗矮行星——妊神星、阋（xì）神星和鸟神星的所在地。科学家仍旧在拼接着这个遥远区域的故事碎片，似乎有一些天体在很久以前就被海王星和外行星的引力甩到了这里。

柯伊伯带离地球非常远，所以要探索它的话，天文学家得使用功能强大的望远镜。不过最近，"新视野号"探测器探索了这个区域。在旅行多年之后，这个探测器终于飞掠了一些藏在柯伊伯带的"冰冻宝藏"。

冥王星

1930年，美国天文学家克莱德·汤博在夜空的照片里搜索着，寻找藏在太阳系之外的天体。在一组照片中，他发现了一个在群星中移动的光点。这个光点正是位于柯伊伯带内的冥王星。

在很长一段时间里，人们都认为冥王星是太阳系第九颗行星，也是最小的那颗。但是一些新的发现表明，在太阳系那块遥远的区域中还有其他与冥王星类似的冰冻世界。随着人们认识的加深，冥王星被归入一个新类别——矮行星。

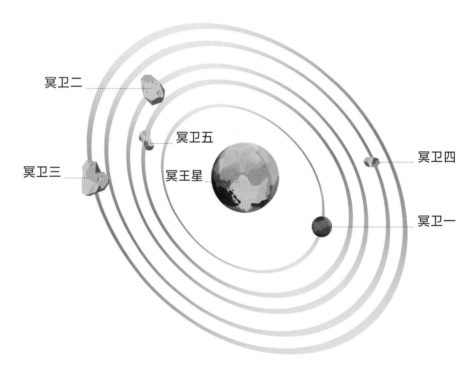

冥卫二

冥卫五

冥卫三

冥王星

冥卫四

冥卫一

冥王星与它的五颗卫星

冥卫一

冥王星的卫星家族有五个成员，
最大的是冥卫一，
又叫卡戎。

冥王星

你能在冥王星表面
找到心形图案吗？

冰冻的旷野

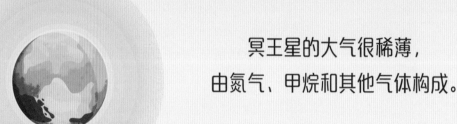

冥王星的大气很稀薄，
由氮气、甲烷和其他气体构成。

乍一看，你可能会认为这张图片没什么特别，其实不然，它真的非比寻常。这并不是某部电影的场景模型，也不是电脑生成的虚构图片。这是一张展现冥王星表面的实景照片，由"新视野号"探测器上的照相机拍摄。

在这幅全景图中，丘陵从一望无际的平原上拔地而起，而高耸的山峰与参差的地形在遥远的太阳送来的微光中投下阴影。但这些山与地球上的山不同，并非由岩石与泥土构成，而是由水冰构成的，周围的景观则是冰冻的氮。

冥王星上的山脉与平原
展现出了极多的细节。

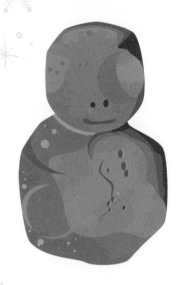

阿洛克斯小行星的形状可能是
两颗冰冷的天体轻微碰撞
并挤压在一起而成的。

远古"雪人"

这个外形奇特的星体是阿洛克斯小行星。它位于太阳系外围，在柯伊伯带内。虽然看起来不起眼，但阿洛克斯小行星实际上是人类用空间探测器探访过的最令人兴奋的、最重要的天体之一。它之所以如此吸引人，除了因为它有漫长的历史——它大概有 45 亿岁了，和地球差不多大呢；还因为它在太空深处飘浮了数十亿年，却表面平坦，没有什么"伤痕"。在那么长的时间里，它应该没有受到什么影响，所以科学家希望从对它的研究中，推出我们的行星家族是如何形成的。

2014 年，阿洛克斯小行星
被哈勃空间望远镜首次发现。

110

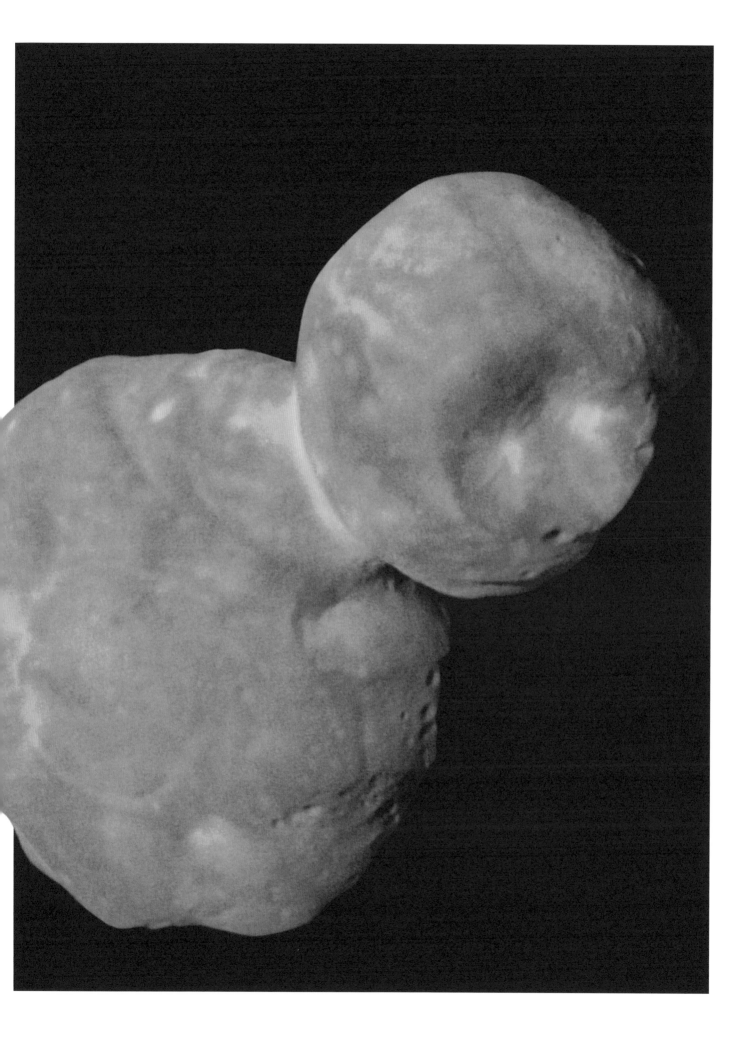

彗星

彗星靠近太阳时会有两条彗尾，
一条由气体构成，
一条由尘埃构成。

彗星是太阳系中冰封的航行者。

这些满是尘埃的"冰块"通常会在远离太阳的宇宙空间里度过生命中的大部分时光。然而，它们那围绕着太阳的长长的弧形轨道有时也会带着它们靠近炽热的太阳。彗星被太阳加热后，它的表面有一部分冰会升华成气体，可能也会开始向太空释出微小的尘埃颗粒。当这种情况发生时，我们可以看到彗星像一块模糊的斑点一样划过天空。如果足够幸运的话，我们还能看到一团云雾状的光，它拖着长长的、发光的尾巴。

这张海尔－波普彗星的照片
拍摄于 1997 年。
蓝色的光带是气体彗尾。

彗星上的悬崖

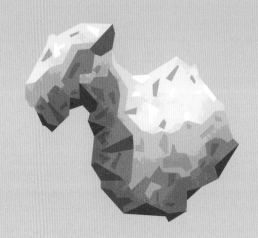

67P 彗星

67P 彗星又称丘留莫夫－格拉西缅科彗星。在这颗彗星上，巨大的冰封悬崖耸立在覆盖着巨石的冰冻地貌上。这片土地遍布裂痕、崎岖不平，科学家将某些区域的地貌描述为"鸡皮疙瘩"和"恐龙蛋"。在阳光的照射下，这里的巨型坑洞会喷出大量气体和尘埃。

我们能知道这些，多亏了欧洲的"罗塞塔号"探测器曾前往67P 彗星，并近距离拍摄了它表面的惊人照片。当"罗塞塔号"探测器绕 67P 彗星运转时，它取得了重大的科学发现。科学家希望，"罗塞塔号"探测器收集到的数据能让人们更多地了解彗星是如何帮助塑造了行星的，比如地球。

67P 彗星上的
一些悬崖有数百米高。

"罗塞塔号"探测器拍摄
到的冰与尘埃的悬崖。

科学家用电脑模型计算出来的
奥尔特云的大小和形状。

一些科学家认为，
奥尔特云中的天体数量远超1万亿。

奥尔特云

你知道吗？我们遍布天体的太空中有一个从未被人看见过

的事物，它叫作奥尔特云，但它与飘浮在蓝天上的毛茸茸的白絮完

全不同。它被认为是一个巨大的笼罩着太阳系的彗星状天体群。奥尔

特云远得令人难以想象——它的某些部分比海王星还要远几千倍。那么，

如果天文学家从来没见过奥尔特云，他们为什么会认为这片星云就在那

里呢？有一个原因是，一些到达内太阳系的彗星似乎来自这个遥远的区域。

科学家认为那里一定潜伏着更多的彗星，并以此解释这些远方流浪者的

到来。

奥陌陌旋转着穿越太空，
它大约每七小时完成一次自转。

星际来客

在过去的几年里，天文学家"会见了"远方恒星系统的第一批访客，它们都来自太阳系之外。不过，你可别想当然地认为它们是科幻电影里的那些外星生物，实际上，两位外星旅行者分别是一颗小行星和一颗彗星。很久以前，它们就被它们遥远的母星系统抛了出来。

那颗小行星名为"奥陌陌"，在 2017 年被目击到飞速穿过我们的太阳系。而彗星"鲍里索夫"则在 2019 年被发现。天文学家争分夺秒地要在这两颗星际天体永远离开前对其进行研究，希望能多了解一些它们那遥远而神秘的故乡。

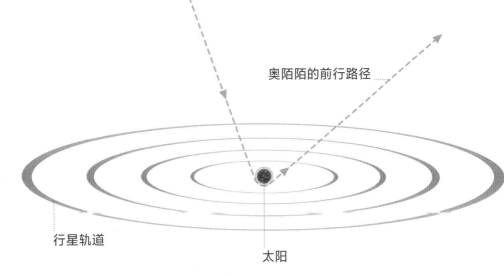

奥陌陌的前行路径

行星轨道

太阳

科学家正在研发一种航天器，
也许有一天，
它能探查来访我们星系的星际天体！

科学家认为银河系
大约有 2000 亿—4000 亿颗恒星。

银河系

太阳是银河系众多恒星中的一颗，这些恒星在浩渺空间中旋转，聚成了庞大的星系。我们的家园星系称为银河系，这是因为从我们的角度，即身处这个巨大的恒星群中来看，这个星系的其他部分看起来就像一条银白色的、缥缈的光带。

如果你能飞出银河系并往回看，你会看到银河系像是一个圆盘，中间是球形的。你还会看到这个圆盘上有旋涡状结构，称为旋臂，我们的太阳系就在其中一条旋臂上。

恒星

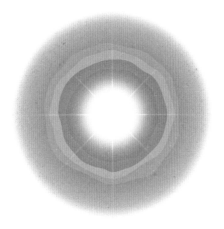

每天晚上，天空被无数恒星闪烁的光芒点亮。这些恒星离我们太远了，看上去只是很小的点。如果我们能近距离地探索它们，会发现它们跟太阳一样是炽热的火球，靠物质在其中融合或结合时产生的能量而发光。

这些恒星离我们非常遥远，它们的光到达地球需要很长的时间。比如说，我们现在看到的来自猎户座腰带中间那颗参宿二的光是它在大约2000年前发出的。当仰望璀璨的夜空时，你实际上是在凝视久远的过去。这不是很神奇吗？

恒星的生命周期有几十亿年之久！

这组恒星是由哈勃空间望远镜拍摄的。

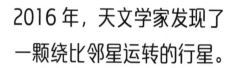

2016 年，天文学家发现了
一颗绕比邻星运转的行星。

比邻星

南半球的夜空中，银河苍白的光带穿过半人马座的那片区域缀满了星星。在这一片宝石般的星海中有一颗光芒微弱的红色恒星，它就是比邻星。

但这个小光点相当特别——比邻星到太阳的距离大约为 4 光年，是离太阳最近的恒星，但你需要架好望远镜才能看到它。对我们来说，这段距离仍然太长了，就算缩小星际地图，把太阳缩到只有笔尖那么大，比邻星与它的距离还会有将近 29 千米！

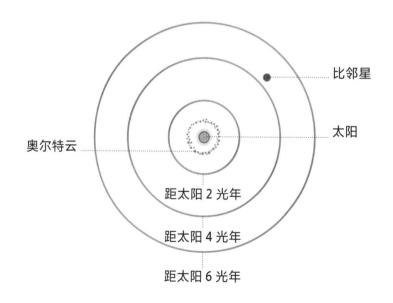

比邻星

太阳

奥尔特云

距太阳 2 光年

距太阳 4 光年

距太阳 6 光年

哈勃空间望远镜拍摄的
比邻星的照片。

这颗原恒星正从它周围的
气体中吸积物质。

庞大的物质流有时会像灯塔的
光束一样从原恒星上射出。

年幼的恒星

恒星诞生于飘浮在太空中的巨大分子云中，分子云主要由气体和尘埃组成。天文学家认为，最开始的时候团块在寒冷、黑暗的"云雾"深处形成。随着时间的推移，这些团块从周围吸积物质，不断变大——有点像滚雪球。最终，一个旋转天体形成了，那就是原恒星。待原恒星长到足够大，在它的中心就会产生核反应，它也会随之成为一颗成熟的、闪耀的恒星。

科学家们对这一切是如何发生的仍有诸多疑问，因为"婴儿期"的恒星往往被孕育出它们的那片尘埃云所掩盖，要研究它们，需要用特殊的望远镜和照相机去探查这些阴暗之处。

猎户四边形星团

你觉得是什么让这片旋转的气态星云散发出如此瑰丽的红宝石般的光芒呢？在星云最亮的地方，你会看到头等功臣：四颗闪耀的新生恒星。这个小小的集群被称为猎户四边形星团，它坐落在猎户星云的中心位置。

四边形星团中的恒星是炙热而耀眼的。它们的光芒给周围的气体带来了能量，让气体发出了粉红色的光。像四边形星团这样的奇特现象对天文学家而言很有吸引力，因为通过研究它们，我们能了解到更多的关于恒星在生命早期的样子，以及它们形成的集群等方面的知识。

用小型望远镜就可以从地球上看到猎户四边形星团。

猎户四边形星团

你能看到
星云中心的星团吗？

猎户星云中心

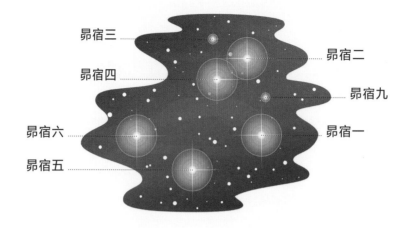

昴宿三 ……

昴宿四 ……

昴宿六 ……

昴宿五 ……

…… 昴宿二

…… 昴宿九

…… 昴宿一

星团

仰望夜空，你会看到星星一小群一小群地聚在一起。天文学家把这些群组称为星团。最容易看见的是疏散星团，它们是由明亮的年轻恒星在太空中聚集而成的。

昴（mǎo）星团是一个著名的疏散星团，它位于金牛座。在这个令人眼花缭乱的星团中，有超过 1200 颗幼年恒星。近期的观测表明，昴星团中的恒星大约只有 1.3 亿岁！

我们的太阳可能形成于一个现在早已分散到整个银河系的星团。

昴星团也被称为
七姊妹星团。

行星的诞生

行星到底是怎么形成的？几个世纪以来，这都是个让科学家挠头不已的问题。为了寻找线索，今天的天文学家使用功能强大的望远镜去研究新形成的恒星，这些恒星在太阳系外很远的地方。天文学家这么做，是因为这些遥远的年轻恒星都被庞大的、由尘埃与气体构成的圆形云团围绕着，这种云团就是原行星盘。天文学家认为，这些原行星盘内盘旋着的物质正是构成行星的原材料。所以，通过检测原行星盘，我们可以对行星如何构成多一些了解。在一些年轻恒星的周围，科学家已经发现了行星的构成要素，比如小砾石。

图片显示了
原行星盘围绕着
一颗年轻恒星的场景。

数十亿年前,
我们的太阳也许也被
原行星盘围绕着。

系外行星

到目前为止，
我们已经发现了
4000 余颗系外行星，
它们在远方绕着各自的
"太阳"运转。

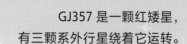

GJ357 是一颗红矮星，
有三颗系外行星绕着它运转。

GJ357d

GJ357b

GJ357c

虽然我们不知道银河系的其他地方能不能诞生生命，但我们知道，太阳系外确实有其他的行星，至少有几千颗呢！这些行星就叫系外行星。

对这些系外行星，我们仍然有许多不了解之处。许多系外行星看上去就很奇怪：它可能有咕嘟冒泡的熔岩表面，也可能有刮着狂风的大气。还有些系外行星也许是紧紧围绕着炽热母星运转的巨大气体星球——我们的太阳系中没有这样的现象。在接下来的几十年里，新型望远镜应该能帮我们更仔细地观察某些遥远的行星。也许，我们会发现一颗像地球一样的行星呢！

1850 年，织女星成为
除太阳之外第一颗被拍摄下来的恒星。

织女星

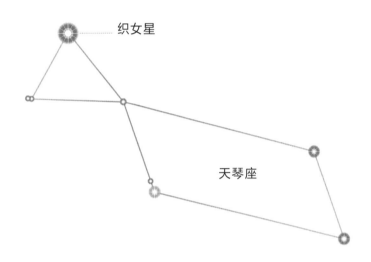

织女星

天琴座

织女星是夜空中最亮的星星之一。它位于天琴座，靠近银河系星星更密集的天区。如果你在北半球一个晴朗的秋夜将目光投向织女星，你会看到这颗明亮的星星呈现出一种略带浅蓝的白色。凝望四周，你很快就会看到其他颜色的星星，有橙色的，有黄色的，也有蓝色的。

为什么恒星有不同的颜色呢？这完全取决于它们的温度。越是炽热的恒星，发的光就越偏向于蓝色和白色，温度低一些的恒星则更倾向于黄色和橙色。星系中温度最低的恒星散发着橙红色的光，如同壁炉里的余烬。

我们今天所见的织女星的光辉，
是这颗恒星在大约 25 年前发出来的。

参宿四距离地球约 720 光年。

你可以把大约 900 万亿个
地球塞进参宿四！

参宿四

猎户座中最神秘的恒星之一就是红色的参宿四，它正处于生命的末期。在燃烧了大量燃料后，参宿四已经膨胀成了一颗巨大的红超巨星，直径超过 12 亿千米。如果等比例同时缩小太阳与参宿四，等太阳缩成豌豆大小时，参宿四还能有 7 米多宽。

当参宿四死亡时，它可能会爆发，成为一颗灿烂的超新星。天文学家不确定爆发到底会在何时发生，但有些人预计这会在未来 10 万年内到来。

参宿四

猎户座

在 19 世纪，
船底 η 爆发了许多次。

船底 η

船底座

围绕着船底 η
的星云

如果 你只是看向船底座那片微微闪烁的星域，你并不会意识到这片南半球的夜空在不断发生着剧烈的活动。船底座内有一个不可思议的恒星系统，名叫船底 η（又称"海山二"），由两颗恒星组成。船底 η 之所以如此吸引人，是因为其中的一颗恒星"最近"经历了超乎想象的爆发，科学家认为它可能已经临近生命的终点。

船底 η 被一团形似花生的星云包围，而那团星云由物质和一缕缕发光的气体构成，这些可能是那颗垂死的恒星在以前的爆发中产生的。最终，船底 η 会发生最后一次惊天动地的爆发，这种爆发被称为超新星爆发。爆发时，恒星会将物质喷入太空。在未来的某一天，这些物质也许会形成初生的新一代恒星。

船底 η 相当遥远，我们今天看到的事件
实际上发生在 8400 多年前。

近期最有名的超新星记录之一是 SN 1987A，
1987 年发现于一个邻近的星系中。

超新星

有时候，一颗恒星会在剧烈的爆炸中爆发，天文学家称之为超新星。这种壮丽的事件发生的方式各自不同，其中一种是巨大的恒星衰老并燃尽了使它发光的所有燃料。当这种情况发生时，恒星的中心坍缩，引发了摧毁这颗恒星的爆炸。

另一种超新星诞生于已经死亡的恒星（白矮星）——当它的核心从邻近恒星的大气上撕下碎块时，就可能发生超新星爆发。如果那颗白矮星把足够多的物质拉到自己身上，它就能爆发，生出在遥远的宇宙空间也能看见的巨大的恒星烟花。

超新星

这张图片中的色彩突出显示了
SN 1987A 超新星爆发后的
激波与尘埃环。

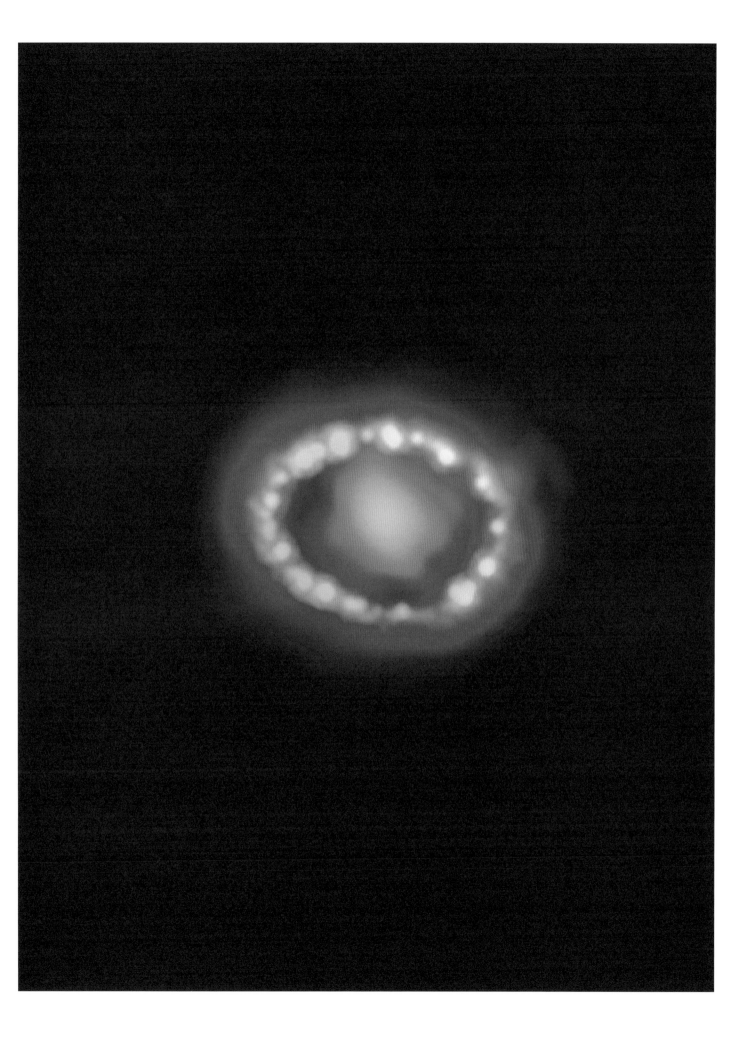

中子星的直径只有大约 20 千米。

中子星

中子星是星际空间的"僵尸"。这些神奇的天体诞生于大型恒星生命终期的剧烈爆炸中。中子星由密度极高的物质组成，而构成这种物质的是中子。一颗沙粒大小的中子星物质大约有 5 亿千克，相当于 1500 架巨型喷气飞机那么重。

有一些中子星会在太空中发射出电磁波束。如果这些电磁波束经过地球，我们可以随着中子星的自旋探测到有规律的无线电信号。天文学家将这些发射电磁波束的中子星称为脉冲星。

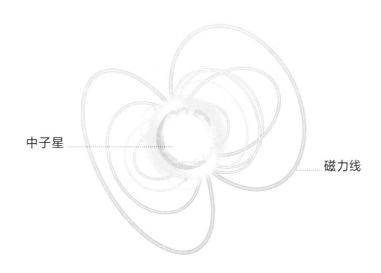

中子星 ⋯⋯⋯⋯⋯

磁力线 ⋯⋯⋯

你能看到中心的两个亮点吗？
中子星是右边那颗。

黑洞

黑洞是宇宙中最为神秘的天体，它们不能直接被看到。即使是世界上最聪明的科学家也不清楚它们究竟如何运转。我们知道的是，黑洞是宇宙运行的那些超乎常理之处的一个实例。

这些奇特的球形区域会使它们周围的空间急剧扭曲。黑洞的引力太强大了，即使光线也会被吸入其中，这也意味着黑洞几乎完全是黑色的。有些黑洞被认为是诞生于超大质量的恒星死亡时发生的爆炸。许多星系的中心甚至还藏着超级黑洞。我们的银河系里就有一个！

M87 星系的中心有一个巨大的黑洞，
它的质量是太阳质量的 65 亿倍。

这是目前为止
我们拥有的
最清晰的黑洞
周边的景象的照片。

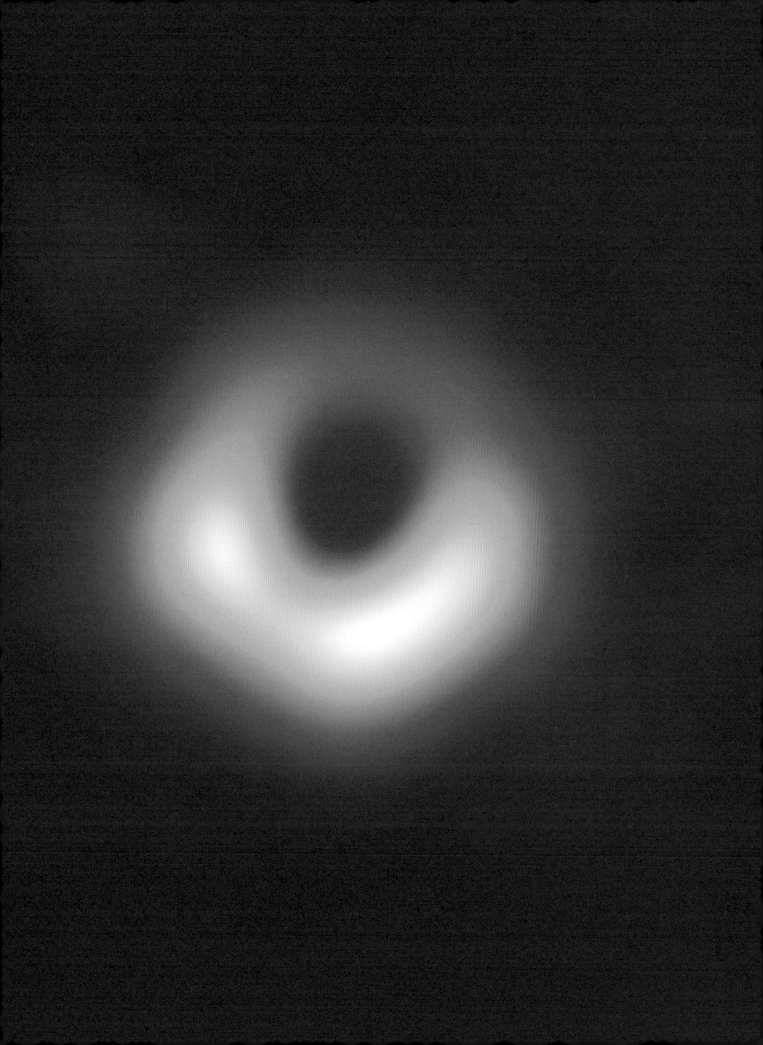

球状星团

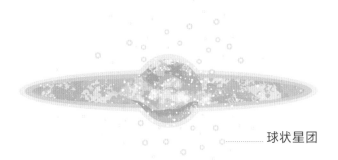

················ 球状星团

银河系侧面图

你认为在哪儿能看到最美不胜收的星空景色呢？是在沙漠里仰望万里无云的天穹，还是漂在远离陆地的海洋上远眺夜空？答案是从球状星团的内部看。

这些非凡的天体包含成千上万颗耀眼的恒星，它们全都紧密地挤在一起，形成了球状。银河系的一些球状星团可能是很久以前被银河系吞并的较小星系留下的。如果这些球状星团的内部有行星围绕着它们的母星运转，它们的夜空将会璀璨得令人无比敬畏——无数灿烂光点高悬夜空，几乎填满了每一块黑暗的地方。

半人马 ω 球状星团
包含了至少 170 万颗恒星！

星云

如果你能乘坐宇宙飞船穿越银河系，旅途中不仅能看到恒星和行星，也会经过巨大的、由尘埃与气体构成的云团，它们遍布星系。天文学家对宇宙中这样的云雾状天体有一个统称：星云。

星云有不同的类型。例如，有些星云处于恒星诞生的地方，气体与新生的炽热恒星混合在一起，形成壮丽的发光的样子。另一些星云是死去已久的恒星所留下的"幽灵"——闪亮的气体涟漪标示的就是恒星曾经爆炸的地方。利用功能强大的望远镜，天文学家甚至能研究这些与我们的星系相距甚远的令人惊叹的存在。

南半球的船底星云亮度很高，不用望远镜也能看到！

① 女巫头星云；② 烟斗星云；③ 项链星云；④ 蟹状星云（超新星遗迹）；⑤ 礁湖星云。

礁湖星云
坐落在射手座。

发射星云那醒目的玫瑰红色
主要来自发光的氢。

发射星云

你是否注意到了许多夜空和遥远星系的照片上都点缀着亮粉色和亮红色的斑点？其实，那每一个斑点都是一团闪闪发光的气体云，天文学家称之为发射星云。一些观星者将这种星云戏称为"恒星育儿所"，因为新生恒星是在发射星云那由气体与尘埃构成的巨大旋涡中形成的。

这些诞生于星云的、炽热的年轻恒星，会激发星云内部的气体，继而使它发出缤纷绚烂的光。拿起一副好的望远镜，你可能会在某些夜晚亲眼看到发射星云！

行星状星云

南猫头鹰星云

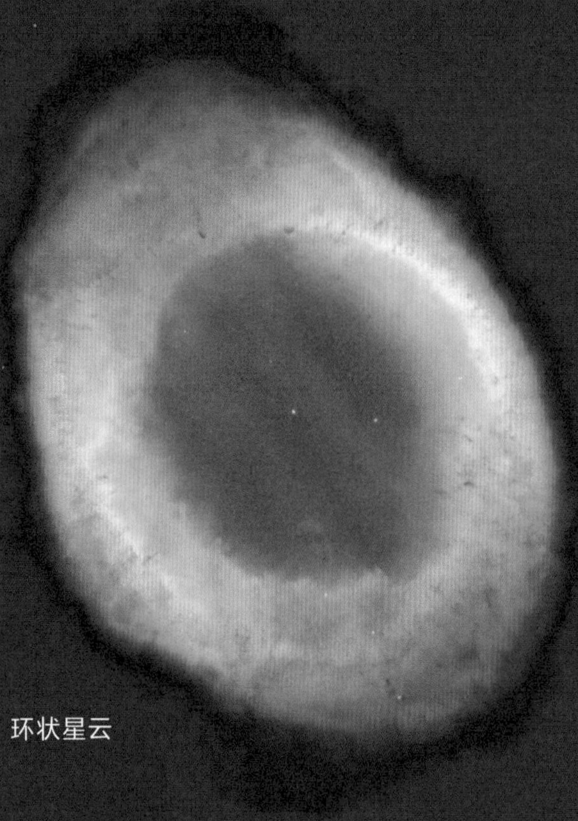

环状星云

环状星云大约
有10万亿千米宽。

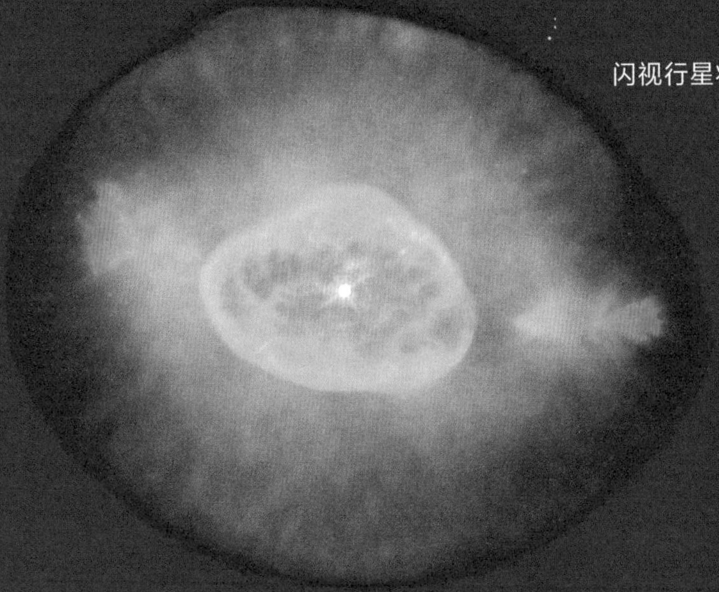

闪视行星状星云

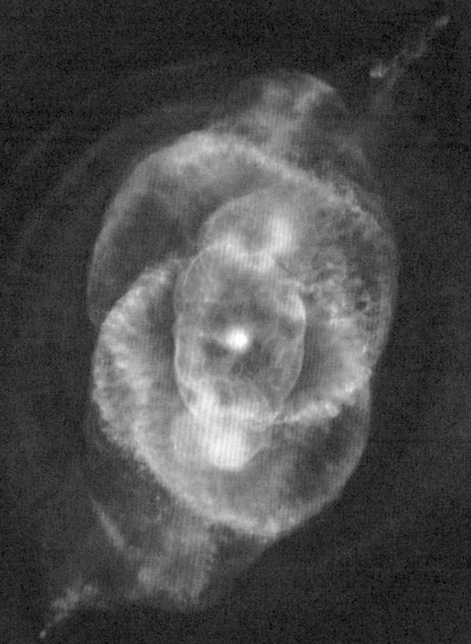

猫眼星云

想象一下吧：在一个晴朗的夜晚，你通过望远镜观察星星，偶然看见了图中的景象。你觉得它们看起来像什么？对于某些初次看见这些遥远天体的天文学家来说，这些圆形的、发光的气态云类似于遥远的行星，所以它们被称为行星状星云。

事实上，它们与行星一点关系也没有。行星状星云是某些恒星走到生命终结时抛出的物质形成的。你在这一页看到的每一团星云都是在某颗恒星（也许和我们的太阳很像）衰老，大气脱落时产生的。当这颗恒星膨胀到了一定程度，它那灼热的核心暴露出来。这颗核心至今仍在发光，将能量注入被恒星抛弃的大气中，让其闪烁着各种绚烂的色彩。

这片星云被称为马头星云——
看看图片就知道是为什么啦！

暗星云

暗星云 ⋯⋯⋯

马头星云内部旋转的尘埃
温度约为零下 250 摄氏度。

在我们的银河系里，不是所有由气体与尘埃构成的星云都会发出明亮的光。许多星云都潜伏在太空的黑暗处，只在更为明亮的背景里或是恒星密集的星域中作为剪影出现。这些寒冷的、所谓的"黑暗"星云遍布整个外太空，其中包括一些最容易被识别的天体，比如猎户座的马头星云和南十字座的煤袋星云。

通过捕捉一些暗星云发出的肉眼无法觉察的光，专业望远镜显示，这些天体内也许正孕育着恒星的雏形。

反射星云

在银河系这个遥远的角落中，藏着一片神秘的星云，称为 M78 星云。向这片星云深处看去，你会看到一些奇妙的事件。这片巨大星云的内部闪耀着一种恍若异世的蓝色。不过，这片星云里并没有巫师。事实上，那汹涌的尘埃旋涡中，是尘埃正在将星云内部恒星的光散射出去，由于尘埃对蓝色光的散射比对其他颜色光的散射更强，所以星云呈现出乳蓝色。

著名的昴星团周边
就环绕着一片暗淡的反射星云。

反射星云

这片反射星云是 M78 星云，
你可以在猎户座找到它。

银心

如果你在一个雾霭沉沉的日子走在乡间，通常很难看到远处的美丽风景。天文学家在观察银心——银河系的中心的时候也会面临同样的问题。不过阻碍视野的不是迷雾，而是飘浮在银河系中规模庞大、遮天蔽日的尘埃云。

为了研究银心并绘制出相关的壮丽图片，天文学家使用了特殊望远镜和照相机，它们可以观测到天体发出的红外线。与普通的光不同，红外线可以穿过太空中的尘埃，使我们清楚地看到隐藏的银心。

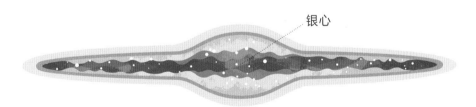

银心

银河系的中心

恒星围绕银心运转的方式表明，银河系中心潜伏着一个巨大的黑洞。

创生之柱发现于鹰状星云中，距地球 5870 光年。

.... 创生之柱

创生之柱

形成恒星的那片由尘埃与气体构成的、荡漾的星云不会永远存在。它们会慢慢地被充满粒子的风和周围的恒星发出的强光雕琢，最终被摧毁——那些恒星通常就诞生于这片星云。

这根壮观的创生之柱位于巨蛇座，它让我们有幸瞥见正在发生的壮观的星云之死。"创生之柱"这个名字取自这些柱子在巨大的恒星育儿所——鹰状星云——所处的位置。实际上，有一些"婴儿恒星"正包裹在创生之柱中。这一束束密集的气体和尘埃最终会破裂开来，并飘散到星系的其他地方，而我们将再也看不见它们那发光的形态与螺旋形状了。

在这张图片中，绿色的是氮和氢，
红色的是硫，蓝色的则是氧。

每个人体内都含有一些元素，
它们由爆炸的恒星产生，曾经漂浮在超新星遗迹中。

超新星遗迹

如果一颗恒星在剧烈的超新星爆发中死亡，它并不会只留下一片空无一物的空间。超新星爆发的烟火表演中，"大轴"就是发光的超新星遗迹的形成：快速膨胀的物质云，涌向恒星曾经生活过的虚空。当强大的冲击波向外涌出，它们也会创造出幽灵般的卷须状的光。就算超新星爆发的强光已经消散，这些卷须可能仍会闪耀数千年之久。

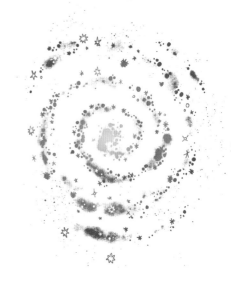

据推测，可观测的宇宙中
目前有约 2 万亿个星系。

星系

如果我们的眼睛是巨大的望远镜，我们会看到银河系之外的宇宙充满了无数的光斑。这些遥远的、模糊的斑块实际上是巨大的恒星集合体，天文学家称之为星系。

就像人类一样，星系也有各种各样的形状和大小。例如，我们的银河系是一个旋涡星系，它像旋涡那样有螺线状的"手臂"——旋臂。椭圆星系更加圆润，没有旋臂这种美丽的结构。还有一些则是不规则星系，只不过是星星随机组合在一起。天文学家之所以对遥远星系如此感兴趣，原因之一就是它们也许能帮我们找出银河系成因之谜的真相。这是因为通过观测太空深处，人们可以探察已经存在了很久的星系，这些星系可以提供有关银河系先祖的信息。

① 旋涡星系；
② 矮不规则星系；
③ 巨椭圆星系。

本星系群

本星系群中离地球最远的成员
是 UGC 4879 星系，
距地球约 440 万光年。

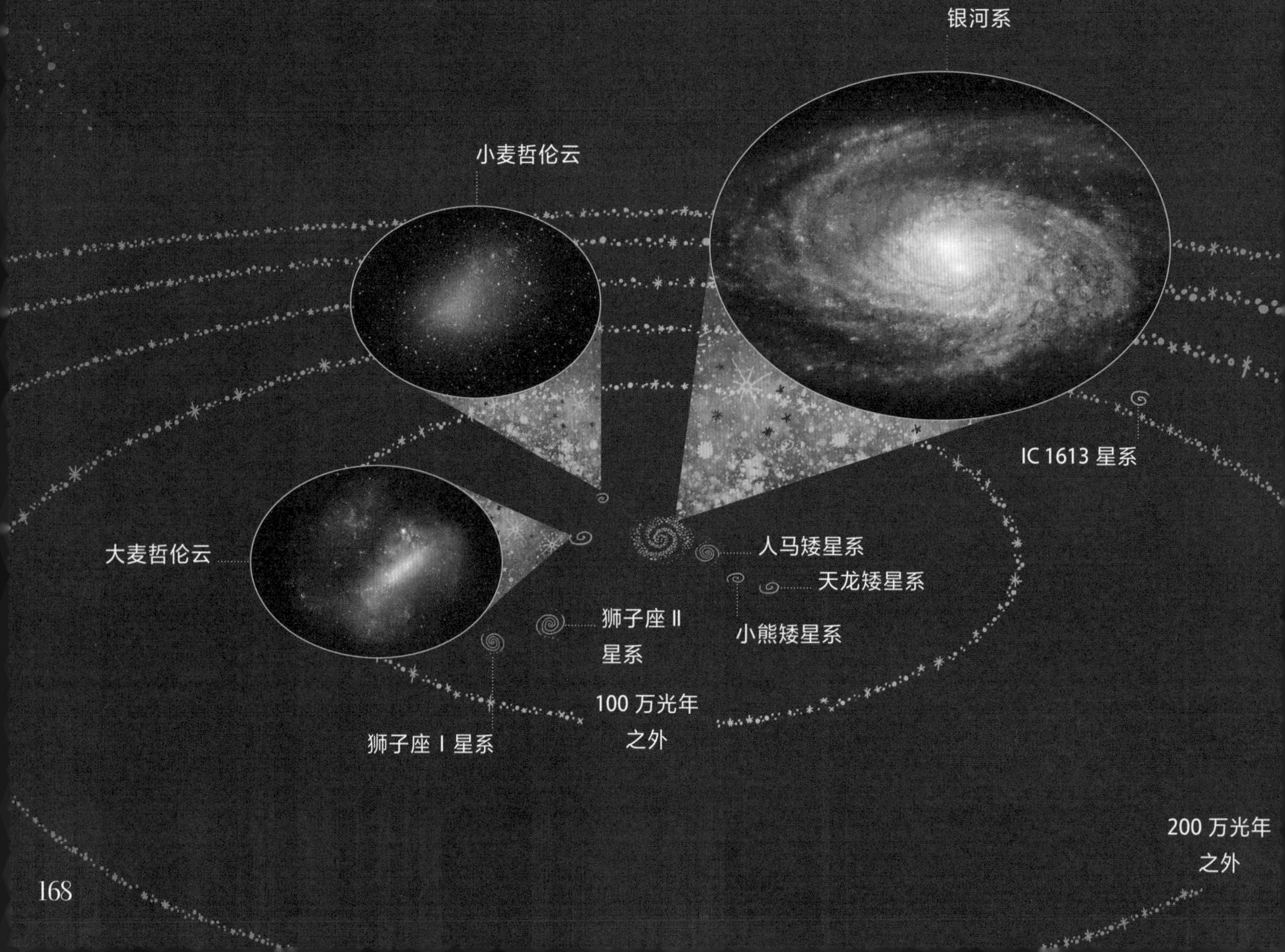

银河系

小麦哲伦云

IC 1613 星系

大麦哲伦云

人马矮星系

天龙矮星系

狮子座 II
星系

小熊矮星系

100 万光年
之外

狮子座 I 星系

200 万光年
之外

你也许认识隔壁的邻居，或者在居住的社区有自己的朋友，但你知道银河系在太空中也有它的邻居吗？它们是由附近的星系组成的，叫作本星系群。

本星系群中体形较大的成员包括巨大的仙女星系、三角星系和麦哲伦云，它们飘浮在银河系附近。天文学家认为，本星系群中有大约 75 个星系。

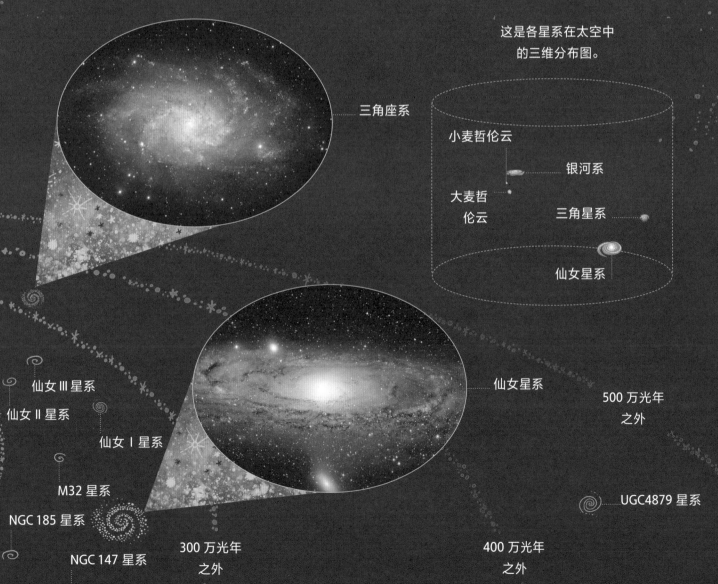

这是各星系在太空中的三维分布图。

三角座系

小麦哲伦云

银河系

大麦哲伦云

三角星系

仙女星系

仙女 III 星系

仙女 II 星系

仙女 I 星系

仙女星系

500 万光年之外

M32 星系

NGC 185 星系

UGC4879 星系

NGC 147 星系

300 万光年之外

400 万光年之外

矮星系

一**些**散布在宇宙中的较大星系会有较小的星系朋友相伴，这些所谓的"矮小"星系也许不像它们的"大"朋友那样拥有几十亿颗恒星，但它们仍然很迷人。

有些矮星系也许构建了环绕着大星系的巨大恒星带。科学家将这些"飘带"称为星流。通过研究星流，科学家也许能更多地了解到银河系那蛮荒、动荡的过去发生了什么。比如说，天文学家正在研究银河系附近的人马矮星系的星流，这道星流看上去散布在太空中。人马矮星系正缓慢地与银河系发生并合。

银河系附近围绕着至少 25 个矮星系。

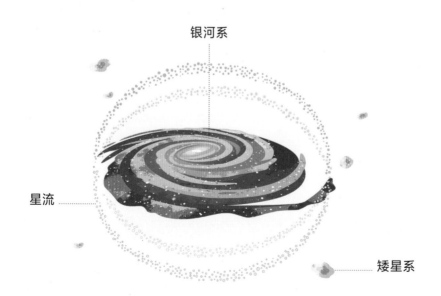

银河系

星流

矮星系

大麦哲伦云是许多发光气体云的所在地，
其中一团气体云像狼蛛一样！

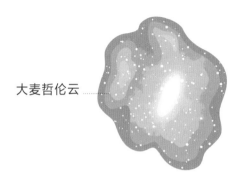 

大麦哲伦云 ⸴⸴⸴⸴⸴ 小麦哲伦云

麦哲伦云

在南半球闪亮的夜空上，在剑鱼座、山案座之间，以及杜鹃座附近，分别有一块缥缈的 "光斑"。这两块发光天体位于银河系的边界之外，它们正是大、小麦哲伦云。不过，它们并不是真正的云朵，而是两个邻近的星系，虽然很小。

它们的英文名字来源于欧洲航海家斐迪南·麦哲伦，16 世纪时，麦哲伦在南美洲发现了这两个星系。不过几乎可以肯定的是，南半球的原住民已经观察这两个星系好几千年了。

这张照片显示了大麦哲伦云的一部分，
它布满了尘埃、气体和恒星。

旋臂

仙女星系

仙女星系就像银河系一样，
是一个旋涡星系。

这个星系正以每小时超过 39.3 万千米的速度
朝我们的方向飞驰而来！

仙女星系

你知道吗？仅仅使用肉眼，你也能看到 200 万光年开外的太空。要怎么实现这一非凡壮举呢？很简单，你只需要在一个晴朗的秋夜仰望北半球的仙女座，在那里，有一个名叫仙女星系的光之旋涡。这个美丽的星系看起来是一个云雾状的发光斑块，形状有些像米粒。仙女星系距离我们大约 260 万光年，但它正越走越近，估计用不了 600 万年，它将与我们的银河系并合到一起！

星暴星系

你能看到有红色的雾状物质从这个被称为 M82 的星系中心流出来吗？天文学家认为它们是被大质量恒星产生的风，以及爆发恒星的作用而卷到太空里的气体和尘埃的旋涡。呈现出此类现象的星系通常被叫作星暴星系，从它们身上喷射出的物质在某些地方可以达到几百万摄氏度！

这种令人惊叹的好戏究竟是如何上演的？这仍然是一个谜。但是这样的景观，就算从数光年之外的地方看去，也很壮丽。

M82 星系位于大熊座的"肩膀"附近。

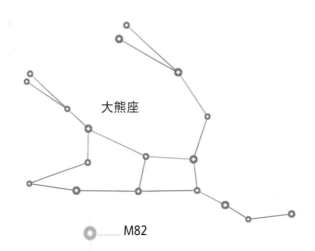

大熊座

M82

你在图里看到的迸发着红色光的是发光的氢。

旋涡星系

旋涡星系是所有星系中最美丽的。这些精致的、闪耀着的旋涡通常会有一个中心区域，由年老的、颜色更偏黄色的恒星组成；它们还有许多条弯曲的"手臂"，在那里，恒星陆陆续续地形成，虚空中点缀着发光的红色星云。

天文学家仍在试图弄清这些旋臂到底是怎么形成的。它们是像鸟群一样绕着星系中心移动的恒星吗？抑或是巨大的波动穿过星系主体留下的痕迹？也许通过研究我们所在的旋涡星系——银河系，最终会找到答案！

旋涡星系的旋臂内通常包含着许多
炽热的、年轻的、蓝白色的恒星。

这是 M74 旋涡星系，
大小与银河系相当。

透镜星系

我们眼中看到的纺锤星系的光，
早在 4600 万年前就从这个星系出发了！

一些 在太空深处飘浮着的星系并不完全是椭圆的，也完全不像旋涡星系，它们介于两者之间。天文学家将这种星系称为透镜星系，因为它们的形状有点像一个简单的凸透镜，就是放大镜上的那种。

照片中这个美丽的透镜星系称为纺锤星系，编号 NGC 5866。它的"侧面"对着地球，所以我们能完美地看到它的形状。科学家对这种透镜星系十分着迷，因为一些旋涡星系停止产生恒星后可能就会变成这样。

缺少旋臂

中央核球

NGC 5866 距地球
有大约 4600 万光年。

这个椭圆星系位于
阿贝尔 S0740 星系群中心。

这是一股物质喷流，
大小约是银河系的三分之一，
它从 M87 椭圆星系内的黑洞喷出。

物质喷流

椭圆星系

如果你在椭圆星系里的一颗行星上观星，你可能会感觉夜空的景色有点乏味。虽然这些椭圆星系通常由数十亿颗恒星组成，但它们并不具有像银河系那样宏伟的旋涡形状。在绝大多数区域，它们也缺乏发光的、形成恒星的气体云，更没有能在其他几类星系中见到的黑暗多尘的星云。不过，这并不意味着椭圆星系就不那么有趣了。一些大的椭圆星系似乎会通过吞噬其他小星系而变得巨大，许多这种由恒星组成的庞大星系都藏着超大质量的黑洞。谁知道里面有什么呢？

这些相互作用星系有个昵称
叫"老鼠"，
因为它们有长长的尾巴！

红色气体随着新恒星
的形成而出现。

一些星系的碰撞会产生巨大的、发光的红色气体团，
恒星就在这一片渐渐开辟的混沌中诞生。

相互作用星系

宇宙中运转着这么多的星系，它们难免会发生碰撞与并合，至少它
们有时会靠得非常近。这时，由于星系受到彼此引力的影响，它们会跳起
缓慢而壮美的舞蹈。这个过程可以持续数亿年，而我们可以在太空各处看
到这种相互作用星系。当这些星系旋转着靠近它们的"舞伴"时，它们的
形状通常会发生扭曲。在某些情况下，这些星系一起踮起脚尖、旋转飞舞，
甚至会甩出一条条庞大而闪耀的"恒星串"。

斯蒂芬五重星系中最遥远的星系
距地球大约有 2.77 亿光年。

斯蒂芬
五重星系

有时候，尽管我们看到远处的星系们"挤"在一起，实际上它们并不是真的那么近，那只是因为观测角度而产生的错觉。这就像远处的山岭耸立在地平线上，看上去是"挤"在一起的，但它们实际上是分散的，彼此相距甚远。这就是斯蒂芬五重星系这个"星系聚会"的情况。这五个星系中的四个的确一起在太空中旋转，形成了一个小团体，它们甚至曾经互相碰撞，让扭曲的星弧从星系发光的主体中挥洒出来。但第五个星系实际上并不靠近这个小团体，它反而离银河系更近。你能猜到哪一个是那个不合群的星系吗？没错，就是左上角那个蓝色的旋涡。

斯蒂芬五重星系是法国天文学家
爱德华·斯蒂芬在 1877 年发现的。

本超星系团

本超星系团的中心距地球大约 5200 万光年。

如果你把那些邻近的本星系群看作是街道上的邻居，那么本超星系团就是我们所居住的广阔城市。这个不可思议的群组包含各类星系，是成千上万个"居民"的家——我们的银河系就是其中一个居民，住在这个星系大都市的郊区。

本超星系团有时被称为室女超星系团，因为它的大部分都位于室女座内。如果你把手伸向这一片夜空，你能覆盖的超星系团就算没有几百个，也能有几十个。

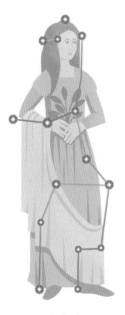

室女座

图示为马卡良星系链，
它是一个由星系组成的旋涡，
位于本超星系团的中心。

引力透镜

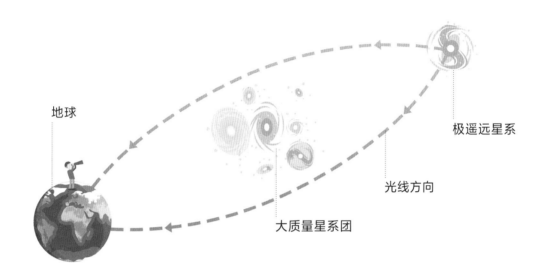

地球

极遥远星系

光线方向

大质量星系团

这张图里的大质量星系团的质量真的相当大，它甚至扭曲了空间！在这个星系团之后的其他星系向我们射出的光线被它巨大的引力改变了方向，这就像光线通过旧窗玻璃或望远镜镜片时发生的事。这意味着我们看到的遥远星系的景象被夸张和模糊了，使它们看起来像细长的弧光。

**这个引力透镜中的星系团的质量
约为太阳的 380 万亿倍！**

你能看到引力透镜
产生的细长弧光吗？

凝望过去

你在这张图上看到的每一个光点几乎都是一个遥远的星系。这张夺人心魄的全景图称为哈勃极深场，由绕地球运行的哈勃空间望远镜拍摄。这是人类对遥远的宇宙投去的最深一瞥之一，为了制作它，哈勃空间望远镜收集了三周多的光线。你看着这张图，也是在凝望着大约 130 亿年前的时光——那是光从一些最微弱的红橙色星系到达哈勃空间望远镜所需的时间。未来的空间望远镜会试着看到比哈勃空间望远镜更远的空间，希望能更多地了解我们的宇宙是如何构建的。

从 1990 年起，哈勃空间望远镜就一直在轨道上拍摄照片！

哈勃极深场向我们展示了
数十亿年前的星系。

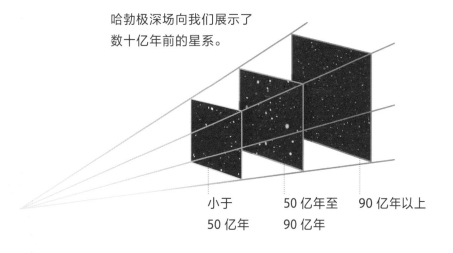

小于	50 亿年至	90 亿年以上
50 亿年	90 亿年	

这幅图展示了由气体丝连接起来的星系团。

宇宙网

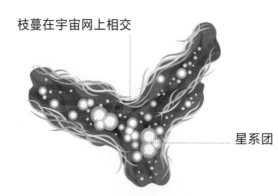

枝蔓在宇宙网上相交

星系团

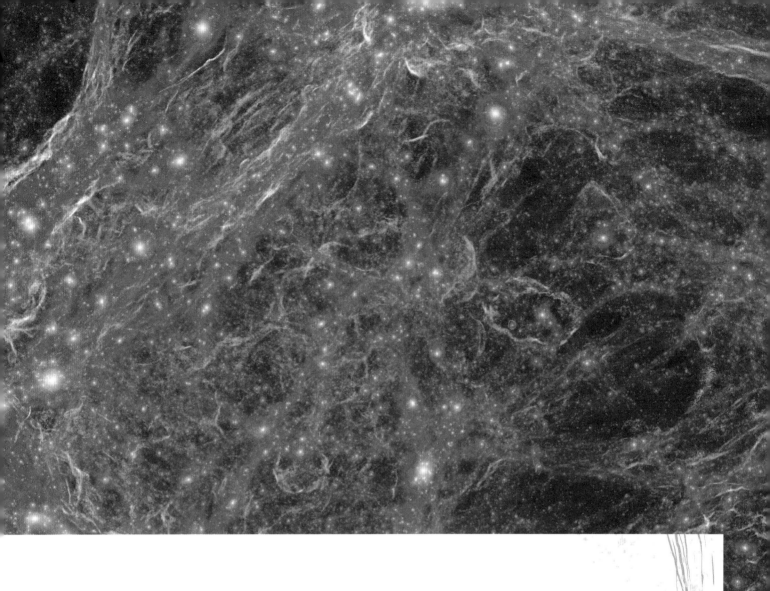

巨大的星系团也许会在宇宙网上的枝蔓的交点形成。

通过仔细记录无数遥远星系的距离，天文学家能够绘制出宇宙一个巨大区域的形状与结构。他们发现，宇宙似乎有类似于海绵内部一样的纹理，相对空旷的空间组成的巨大虚空，被无数星系与其他物质组成的"丝线"包围着。

如今，科学家用功能强大的超级电脑来研究这些奇怪的形状是如何产生的，我们也许离解开宇宙网之谜又近了一步！

宇宙余辉

在探索了宇宙的那么多个地方，拜访了遥远的世界与星系之后，我们即将要研究宇宙中无所不在的事物。你我都看不见它，但天文学家使用特制望远镜可以。它是什么呢？嗯，它是一种光。从技术上来说，这种光是微波辐射。它出现在天文学家的仪器指向的每个方向，被称为宇宙微波背景辐射。

天文学家认为，宇宙微波背景辐射是宇宙诞生后的余辉，那是我们知之甚少的炽热旋涡——宇宙大爆炸。

宇宙大爆炸

通过研究宇宙微波背景辐射，
天文学家估计宇宙
约有 137.5 亿年的历史。

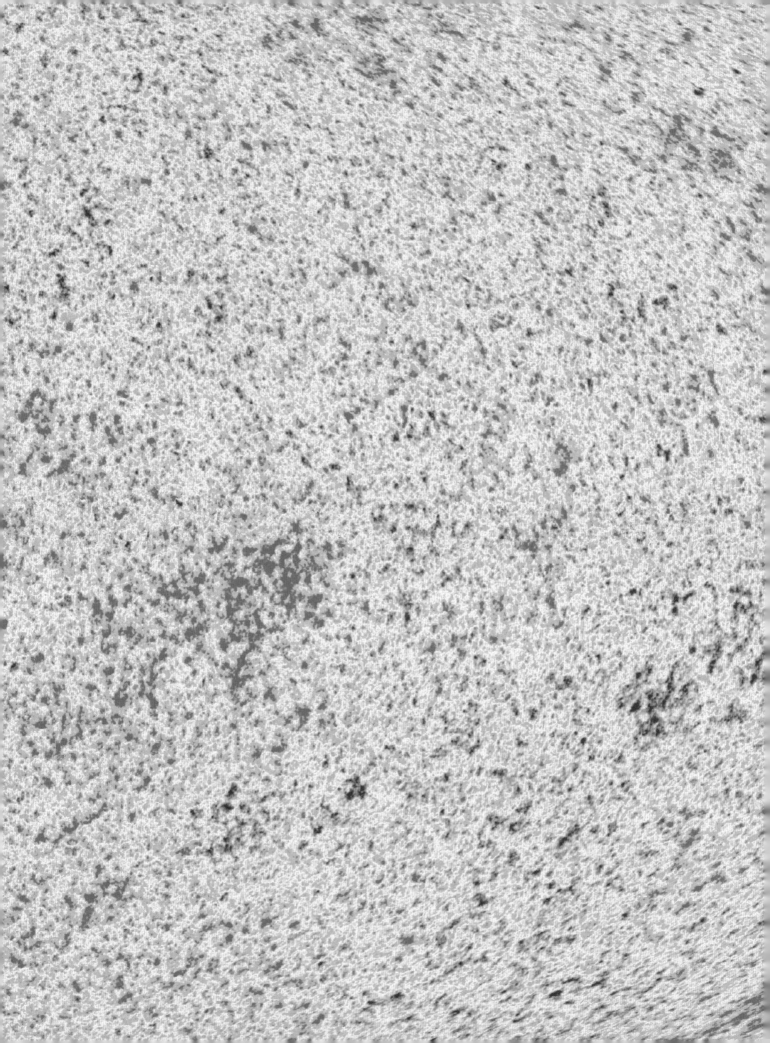

本星系群

银河系

太阳系

我们的旅途

即使能以光速旅行，
你也要花几百万年才能离开本星系群！

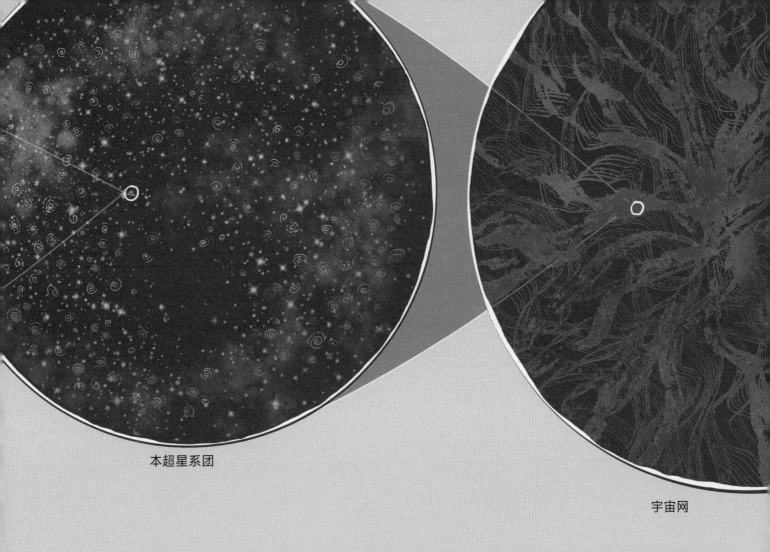

本超星系团

宇宙网

　　多么不可思议的探险啊！从仰望夜空开始，我们惊叹于人类几千年来所敬畏的景象。在太阳系中旅行时，我们看到即使在离行星家园——地球那么近的地方，也有科学尚未解开的谜团。离开太阳系后，我们开启了银河系的探险之旅，无数奇迹散落在这个巨大的星辰旋涡中。最后，我们探索了更浩渺而遥远的宇宙空间，其间洒满了各类星系。

　　但这并不是真正的终点。在这场惊心动魄的宇宙之旅中，未来的探险又会把我们引向何方呢？

北半球的
星座

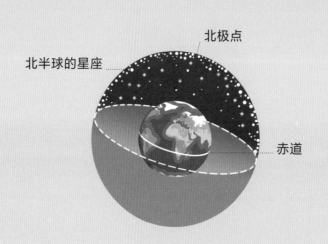

北半球的星座

北极点

赤道

海豚座

天箭座

天鹰座

狐狸座

巨蛇座

蛇夫座

巨蛇头

北半球的夜空是各种不可思议的天区的家园，它们随着季节的变化而变化。在冬天，双子座、金牛座和御夫座所占天区都散布着美丽的星团，你可以用双筒望远镜欣赏。夏天，我们有机会看到银河系中心区域的壮丽景象，人马座、盾牌座和天鹰座所占天区中有无数恒星穿行。在春季与秋季，我们可以将目光从银河系上移开，眺望宇宙深处，观赏潜伏在室女座、后发座、三角座和仙女座等星座中的遥远星系。

北半球的夜空绕着一点旋转，
这一点离小熊座中的北极星很近。

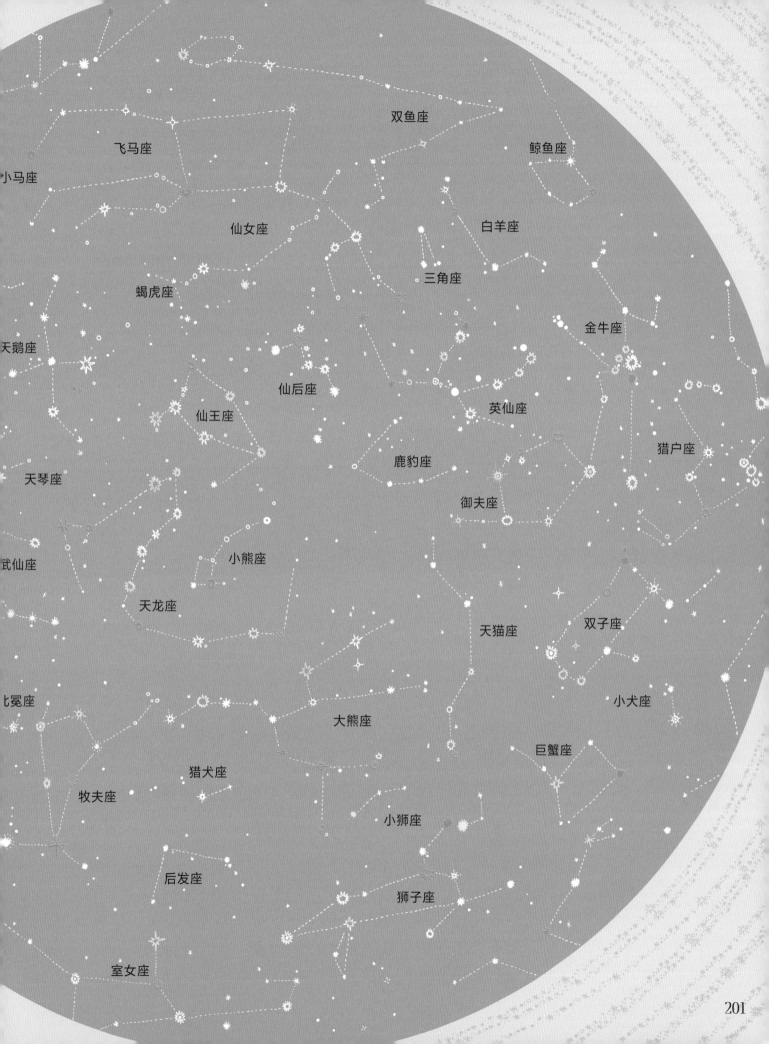

双鱼座

鲸鱼座

飞马座

小马座

仙女座

白羊座

蝎虎座

三角座

金牛座

天鹅座

仙后座

英仙座

仙王座

猎户座

鹿豹座

天琴座

御夫座

武仙座

小熊座

天猫座

双子座

天龙座

小犬座

匕冕座

大熊座

巨蟹座

猎犬座

牧夫座

小狮座

后发座

狮子座

室女座

201

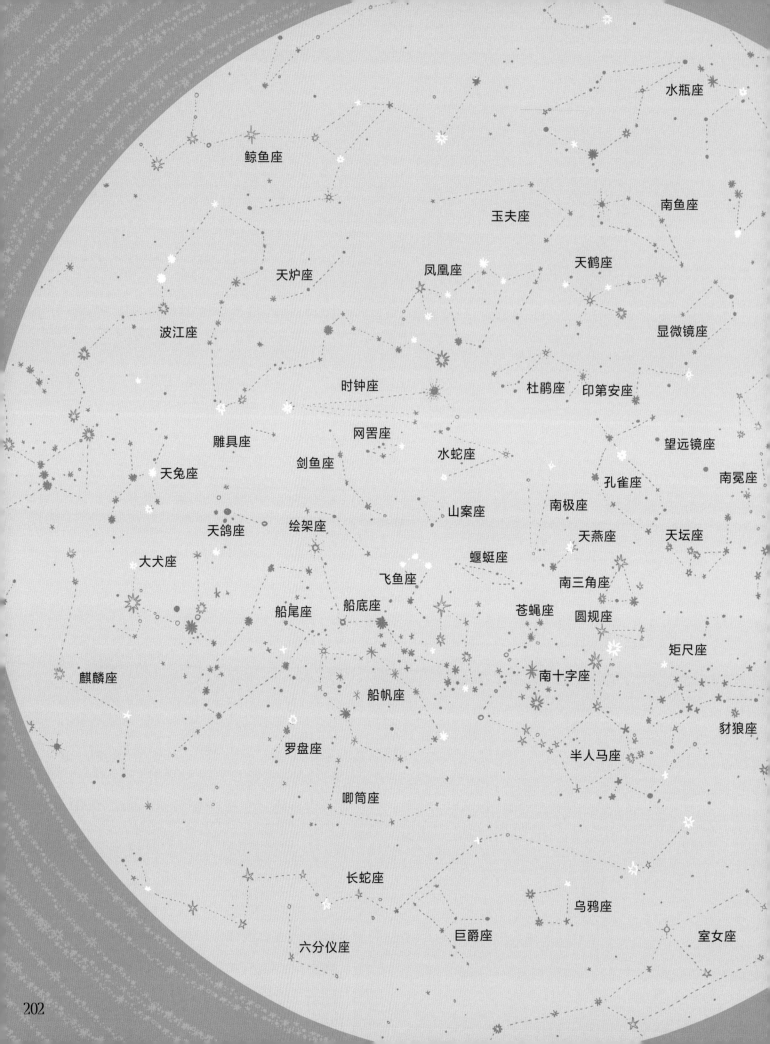

水瓶座

鲸鱼座

南鱼座

玉夫座

天炉座

凤凰座

天鹤座

波江座

显微镜座

时钟座

杜鹃座　印第安座

望远镜座

雕具座

网罟座

南冕座

剑鱼座

水蛇座

孔雀座

天兔座

山案座

南极座

天鸽座　绘架座

天燕座

天坛座

蝘蜓座

大犬座

飞鱼座

南三角座

苍蝇座

圆规座

船尾座　船底座

矩尺座

南十字座

麒麟座

豺狼座

船帆座

罗盘座

半人马座

唧筒座

长蛇座

乌鸦座

六分仪座

巨爵座

室女座

202

南半球的星座

摩羯座

天鹰座

人马座

盾牌座

巨蛇尾

天蝎座　蛇夫座

天秤座

赤道

南半球的
星座

南极点

南半球的夜空有一些能从地球上看到的最令人惊叹的天体景观。这是因为在南半球，我们能看到银河系的中心区域高悬在夜空，特别是天蝎座、人马座和蛇夫座附近的区域。这个区域绝对是明亮的星云、闪亮的星团和黑暗的星系尘埃云爆发式出现的地方。在南半球的夜空，你也能找到神奇的大、小麦哲伦云，它们位于剑鱼座、山案座和杜鹃座附近；你还能找到半人马 ω 球状星团，它位于半人马座。

南半球的飞鱼座形似一条飞鱼。

探索太空

几千年来，人类一直在尝试解开宇宙之谜。
这里陈列着我们的一些最伟大的成就！

19 世纪 40 年代
罗斯伯爵在爱尔兰的
比尔城堡用巨型望远
镜观察星系。

1846 年

约翰·伽勒和罗雷尔·德
亚瑞司特发现海王星。

1786 年

天文学家卡罗琳·赫
歇尔发现了她的第一
颗彗星。

1888 年

威廉敏娜·弗莱明发现
了马头星云。

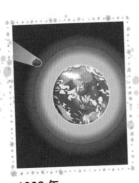

1908 年

一颗大型小行星或
彗星进入地球大气
层，在西伯利亚上
空爆炸。

1912 年

亨丽爱塔·勒维特
有了重大发现，帮
助天文学家计算遥
远星系的距离。

1925 年

天文学家塞西莉亚·佩
恩发表了突破性的研
究，探讨恒星是由什
么构成的。

公元前 567 年
古巴比伦天文学家写下了也许是最早的人类目睹北极光的记录。

约公元 400 年
亚历山大城的希帕提娅写下关于天文学与数学的著作。

1054 年
中国天文学家目睹了一次超新星爆发，那次爆发留下了今天的蟹状星云。

1781 年
威廉·赫歇尔在英国的巴斯发现了天王星。

1610 年
伽利略·伽利莱将望远镜转向木星，发现了木星最大的四颗卫星。

1609 年
托马斯·哈里奥特进行了一些最早的用望远镜对月球进行的研究。

1543 年
波兰天文学家尼古拉·哥白尼发表了日心说。

1929 年
天文学家爱德文·哈勃发现宇宙在不断地膨胀。

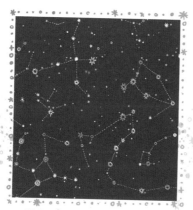

1930 年
尤金·德尔波特画定了今天仍被认可的全天 88 星座。

1930 年
克莱德·汤博发现了柯伊伯带内的冥王星。

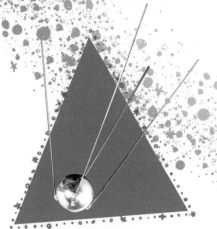

1957 年

苏联发射了第一颗人造卫星 "斯普特尼克 1 号"。

1964 年

科学家发现宇宙微波背景辐射。

1967 年

天文学家约瑟琳·贝尔 - 博奈尔发现了第一颗脉冲星。

1992 年至今

天文学家研究围绕银河系中心那个黑洞运行的恒星。

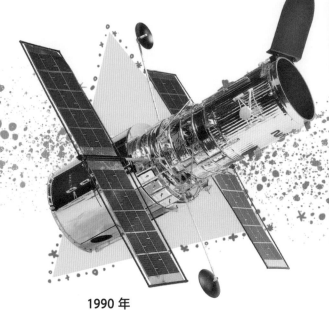

1992 年

柯伊伯带中除了冥王星的第一个天体被发现了。

1990 年

"发现号" 航天飞机发射了哈勃空间望远镜。

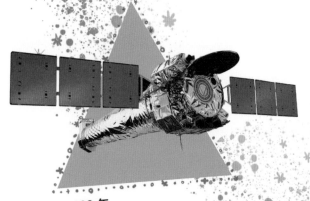

1999 年

钱德拉 X 射线天文台升空,用于研究黑洞和中子星这样的天体。

2003 年

"伽利略号" 探测器完成了探索木星及其卫星的英雄壮举。

2003 年

斯皮策空间望远镜升空,用于研究来自宇宙的红外波。

1969 年
"阿波罗 11 号"上的
航天员成为首批踏足
月球的人类。

**20 世纪 70 年代至
80 年代**
苏联的金星探测器
在金星表面着陆。

20 世纪 70 年代早期
第一批探测器成功在
火星表面着陆。

20 世纪 80 年代末
天文学家首次发现
环绕其他恒星运行
的行星。

1987 年
在大麦哲伦云中发生
了 1987A 超新星爆发。

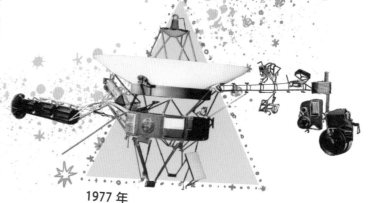

1977 年
"旅行者号"开启对太阳
系外行星的探索任务。

2004 年
美国国家航空航天局
的"卡西尼号"航天
器进入土星轨道。

2004 年
双胞胎火星车"勇气
号"和"机遇号"登
陆火星表面。

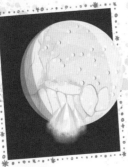

2005 年
"卡西尼号"航天器
发现冰雪物质如羽
毛般从土卫二上喷
射出来。

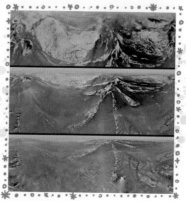

2005 年
欧洲空间局的"惠更斯
号"探测器在土卫六上
降落。

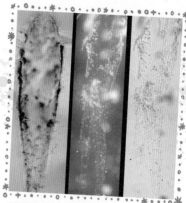

2006 年
"星尘号"将彗星尘埃
的样本送回地球。

2014 年
欧洲空间局的"罗塞塔号"接触
到丘留莫夫－格拉西缅科彗星。

2013 年
天文学家发射盖亚探
测器，以绘制银河系
的地图。

2014 年
欧洲空间局的菲莱
登陆器在丘留莫夫－
格拉西缅科彗星上
惊险着陆。

2015 年
"黎明号"进入矮行
星谷神星的轨道。

2015 年
美国国家航空航天局
的"新视野号"第一
次飞越冥王星。

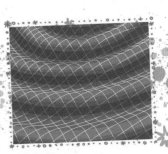

2015 年
天文学家首次探测到
穿越太空的引力波。

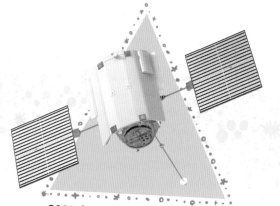

2008 年

"信使号"到达水星，研究这颗太阳系中最小的行星。

2009 年

欧洲的普朗克卫星绘制了详细的宇宙微波背景辐射图。

2009 年

开普勒空间望远镜升空，用于寻找其他恒星周围的行星。

2012 年

"旅行者 1 号"在驶离太阳系的旅途中进入星际空间。

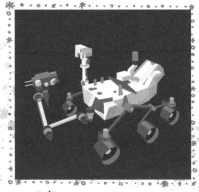

2012 年

美国国家航空航天局的"好奇号"火星车登陆火星。

2012 年

哈勃空间望远镜完成了哈勃极深场图。

2017 年

奥陌陌，一颗来自另一个恒星系统的小行星，被发现正在穿越我们的太阳系。

2017 年

事件视界望远镜拍到了第一张超大质量黑洞的剪影。

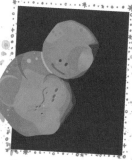

2019 年

"新视野号"飞过了柯伊伯带的天体——阿洛克斯小行星。

词语表

矮行星是一种小而圆的太阳系天体，它不是卫星，也不是八大行星。目前已经发现了五颗矮行星，其中包括冥王星和谷神星。

奥尔特云，由巨大的、类似彗星的冰封天体组成的球状云团，它被认为是围绕着太阳系。

超新星是将死的恒星发生的极其剧烈的爆发。

大气通常指围绕行星或卫星固体部分的气体层。地球的大气主要由氮气组成。

地照，地球的光线被云、海洋和陆地散射到太空中，在那里，它可以隐约照亮月球的夜半球。

光环，由一些颗粒状、团块状或大块状的物质构成——有时是冰冷的。它们环绕着一个天体——通常是一颗行星。

光年是一个地球年中一束光能传播的距离。光年被用来描述宇宙中遥远天体之间的及去往某天体——如恒星和星系需要的超长距离。

轨道，一个天体围绕另一个天体运行的路径——比如地球绕太阳的路径；也可以是彗星穿过太阳系的旅程，甚至是一个星系绕另一个星系旋转的路线。

哈勃空间望远镜是一架大型望远镜，带有 2.4 米宽的镜面，绕着地球运行。它帮助我们看到了更多的宇宙面貌，向我们展示了闪闪发光的星团和遥远星系的惊人细节。

黑洞是一个令人难以想象的高密度球形空间。甚至连光速都不足以快到逃脱黑洞的强大引力，所以这些神秘的天体几乎完全是黑色的。

恒星，一个巨大的等离子气体（像一种极热的气体）构成的球，因为其中心的反应而发光。当物质在恒星的核心融为一体时，这种反应释放出能量。最终，这些反应慢下来，并在恒星死亡时停止。

彗星是冰冻的太阳系天体，主要由冰和尘埃组成。和小行星一样，彗星也是形状各异的块状物。大多数彗星位于在我们行星附近外围的较冷地区。如果它们冒险接近太阳，它们就会形成由灰尘和气体构成的长尾巴。

火山，太阳系天体表面的开口，物质从中喷上地表，通常会形成土丘或大山。

极光是地球极地上空的大气中出现的光幕。北半球的称为北极光；南半球的称为南极光。

伽利略卫星指木星最大的四个卫星——木卫一、木卫二、木卫三和木卫四，因为它们最初是由天文学家伽利略·伽利莱发现的。

柯伊伯带，太阳系的一片广阔区域，位于冥王星的轨道之外。那里有许多冰冻的小天体，被称为柯伊伯带天体。冥王星在柯伊伯带绕太阳运行。

流星，一种天体，它是一小块太空尘埃，在撞入地球大气层的上层时短暂发光。

球状星团是围绕某个星系运行的由许多恒星构成的密集的球形集群。用小望远镜很容易看到银河系的许多球状星团。

疏散星团，银河系内的相对松散的恒星集群。这些恒星通常是在一团星云中一起形成的年轻恒星。它们在太空中一起漂流，但常常会随着时间的推移分散到星系中。夜空中有许多疏散星团，只用肉眼或一架好的双筒望远镜就可以看到。

太阳系，一个天体的集群——包括行星、卫星、小行星和彗星，绕着太阳运行。

透镜星系是一个没有旋臂的星系，其形状像简单透镜。

椭圆星系是一种类似球体的星系——有时像橄榄球。椭圆星系没有银河系那样的旋臂。

外行星是太阳系外层的四颗大型行星，即木星、土星、天王星和海王星，它们主要由气体组成。

望远镜是一种用于探索和研究宇宙的工具。望远镜的工作原理是使用镜面或镜片（有时是两者）从夜空中收集天体的光线。相比我们的眼睛，望远镜可以收集更多的光，所以它们让天文学家能探测暗淡的目标，比如遥远的星云或星系。有时候，天文学家透过望远镜直接观测宇宙，完成这个目标。如今，专业天文学家使用望远镜上的特殊照相机来记录目标天体的图像和其他科学信息。

卫星是绕着其他行星运动的大大小小的自然天体。

系外行星是围绕着太阳系外的另一颗恒星运行的行星。银河系中很可能有数十亿颗这样的行星！

小行星是一种小型的、块状的太阳系天体，通常由岩石或金属构成。许多小行星被认为是行星形成留下的残余物质。

小行星带是太阳系中一个巨大的环形区域，位于火星和木星之间，是非常多小行星的家园。矮行星谷神星也在小行星带内运行。

星际，形容我们的星系中不同恒星之间的事物。比如，我们的一些探访太阳系外空间的航天器现在应该已经或者很快要成为星际旅者，因为它们会离开太阳系，进入星际空间。

星系是由数千、数百万甚至数十亿颗恒星构成的巨大集群，它们在宇宙中一起旋转。

星系团是由多个星系组成的相对较紧密的星系群组。

星云是飘浮在太空中的气体和尘埃云。

星座是夜空中由恒星构成的区域，通常可看成图案，如动物和神话人物。如今，国际天文学联合会认可的星座有 88 个。

行星，我们的太阳系中有八大行星：水星、金星、地球、火星、木星、土星、天王星和海王星。其他恒星周围也有行星，参见"系外行星"。

旋涡星系，一种星系，呈扁平、圆盘状，由像漩涡一样的"旋臂"构成。银河系和附近的仙女座星系都是旋涡星系的实例。

银河系是我们的家园星系。我们是从内部看到的银河系，因为我们的太阳是生活在这个浩大而闪亮的旋涡中的 2000 亿到 4000 亿颗恒星之一。

银心即银河系中心。在银河系中心有一个超大质量的黑洞，恒星围绕着它旋转。

宇宙是人类文明对空间的命名，它是我们所知的一切事物的家园——从地球隔壁的月球，到最遥远的星系。

宇宙大爆炸是标志着宇宙诞生的神秘事件。科学家们仍在试图弄明白在大爆炸期间发生了什么。我们所知道的是，早期的宇宙温度极高，一定是在瞬间膨胀，才最终成为我们今天所知道的浩瀚的宇宙。

宇宙微波背景辐射是宇宙诞生之初的极热时期遗留的光。

原恒星是一种在星云中形成的天体，如果有一天，这种天体的中心开始了一种特殊的反应，让它发出明亮的光，它将成为一颗年轻的恒星。

原行星盘，一团庞大的、大致平坦的、广阔的气体和尘埃，围绕着一颗年轻的恒星运行。行星可以从这些圆盘中诞生。

月海是月球表面光滑的黑色斑块，由火山物质玄武岩构成。

月球，一个大型的岩质球体，与地球一起绕太阳运行。月球绕着地球运行，距离地球大约 38.4 万千米。

陨星是一种太空岩石或太空岩石的碎片，它穿过地球的大气层，撞击在地球的表面。

陨星坑是在行星、月球或其他固体太阳系天体表面的形似盘子的坑。它们是小行星、彗星或其他较小的太空岩石撞击到天体表面，在火焰爆炸中喷出物质时形成的。

中子星是一种密度极高的物体，由中子构成。有时是在大质量恒星发生超新星爆发时产生的。

视觉指南

地球的大气圈，第 5 页

夜空，第 6 页

流星，第 8 页

陨星，第 11 页

极光，第 13 页

星座，第 15 页

月球，第 16 页

月相，第 19 页

月食，第 21 页

地照，第 22 页

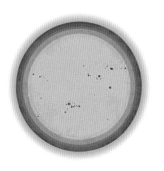

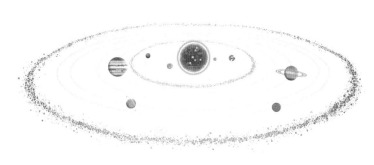

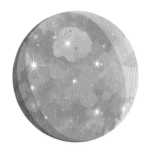

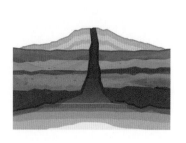

金星上的火山，第 50 页

致命的云层，第 53 页

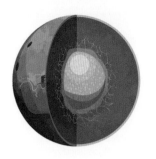

火星，第 55 页

水手号峡谷，第 56 页

奥林波斯山，第 59 页

火星尘卷风，第 61 页

火星上的水，第 62 页

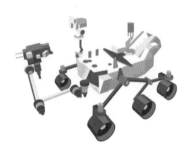

探索火星，第 64 页

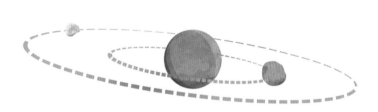

火星的卫星，第 67 页

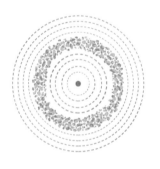

小行星，第 69 页

谷神星，第 70 页

外行星，第 72 页

木星，第 74 页

旋转的云，第 77 页

风暴之星，第 78 页

木卫二，第 81 页

木卫一与它的火山，第 82 页

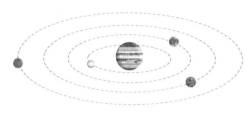

木卫三和木卫四，第 84 页

土星，第 86 页

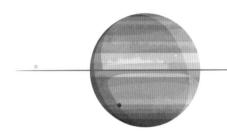

冰之环，第 89 页

土星的极地六边形，第 91 页

土卫六，第 92 页

土卫二，第 94 页

土卫八，第 97 页

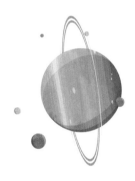

天王星，第 99 页

海王星，第 100 页

海卫一，第 102 页

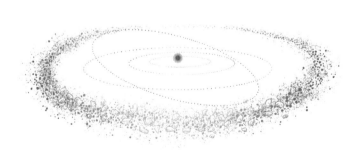

柯伊伯带，第 104—105 页

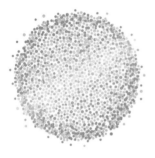
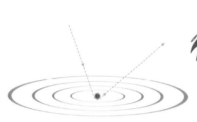

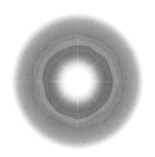
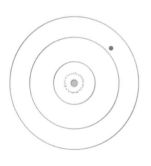

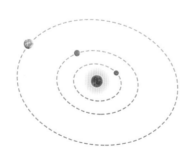
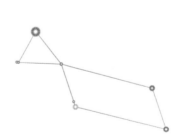

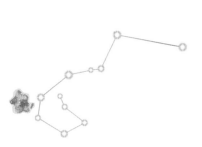

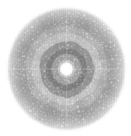

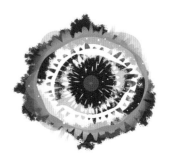
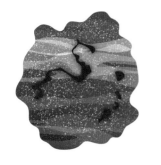

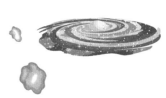

矮星系，第 170 页

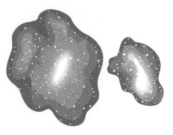

麦哲伦云，第 173 页

仙女星系，第 174 页

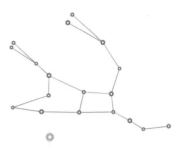

星暴星系，第 176 页

旋涡星系，第 179 页

透镜星系，第 180 页

椭圆星系，第 183 页

相互作用星系，第 184 页

斯蒂芬五重星系，第 187 页

本超星系团，第 188 页

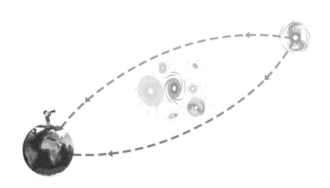

引力透镜，第 191 页

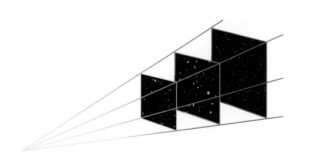

凝望过去，第 193 页

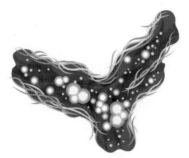

宇宙网，第 194 页

宇宙余辉，第 196 页

后记

我希望，读了本书，你能看到我们的宇宙有多么神奇。它有着令人叹为观止的广袤空间，充满了伟大的美丽事物，还有让人如痴如醉的谜题。科学家对恒星、行星乃至整个星系运作方式的疑问，也许在你的有生之年能得到解答。但与此同时，新的问题总会不断出现。

如果你继续探索宇宙，一定也会生出自己的疑问。有疑问不可怕！正是因为这些疑问，我们才去学习、了解周围的世界，以及在此之外的广阔天地。希望有一天，你也可以解开一些激动人心的宇宙之谜。

威尔·盖特

索引

重要提示：直接或通过任何光学设备观察太阳都可能导致失明。作者和出版商将不会对忽视这一提示的读者负任何责任。

图书在版编目（CIP）数据

DK 浩瀚宇宙大奥秘/（英）威尔·盖特著；（英）安吉拉·里扎，（英）丹尼尔·朗绘；向麟沂译. -- 北京：中信出版社，2022.4（2025.3 重印）
书名原文：DK The mysteries of the Universe
ISBN 978-7-5217-3930-5

Ⅰ.①D… Ⅱ.①威…②安…③丹…④向… Ⅲ.①宇宙-青少年读物 Ⅳ.① P159-49

中国版本图书馆 CIP 数据核字 (2022) 第 012373 号

Original Title: DK The mysteries of the Universe
Copyright © 2021 Dorling Kindersley Limited
A Penguin Random House Company
Simplified Chinese translation copyright © 2022 by CITIC Press Corporation
All Rights Reserved.

本书仅限中国大陆地区发行销售

DK 浩瀚宇宙大奥秘

著　　者：[英] 威尔·盖特
绘　　者：[英] 安吉拉·里扎 [英] 丹尼尔·朗
译　　者：向麟沂
出版发行：中信出版集团股份有限公司
　　　　　（北京市朝阳区东三环北路 27 号嘉铭中心　邮编　100020）
承　印　者：北京顶佳世纪印刷有限公司

开　本：889mm×1194mm　1/16
印　张：14.5
字　数：330 千字
版　次：2022 年 4 月第 1 版
印　次：2025 年 3 月第 11 次印刷
京权图字：01-2022-0691
书　号：ISBN 978-7-5217-3930-5
定　价：158.00 元

出　品：中信儿童书店
策　划：好奇岛
审校专家：李海宁
策划编辑：贾怡飞
责任编辑：房阳
营销编辑：中信童书营销中心
封面设计：佟坤
内文排版：谢佳静　李艳芝

版权所有·侵权必究
如有印刷、装订问题，本公司负责调换。
服务热线：400-600-8099
投稿邮箱：author@citicpub.com

混合产品
纸张 |
支持负责任林业
FSC® C018179

图片来源：

出版商感谢以下组织与个人允许二次使用他们的照片：

（缩写：a–上方；b–下方/底部；c–中央；f–远处；l–左方；r–右方；t–顶部）

4-5 Jan Erik Paulsen. 6-7 ESO: Y. Beletsky. **9 Science Photo Library:** Walter Pacholka, Astropics. **10 ESO:** H. Pedersen / M.Zamani. **12-13 NASA:** (b). **14 Science Photo Library:** Eckhard Slawik. **17 NASA:** NOAA. **18-19 Science Photo Library:** Eckhard Slawik. **20 Will Gater. 23 NASA:** Ken Fisher, Johnson Space Center. **25 NASA. 26 ESA / Hubble:** NASA, ESA, D. Ehrenreich (Institut de Planétologie et d'Astrophysique de Grenoble (IPAG) / CNRS / Université Joseph Fourier). **28-29 ESO:** NASA (b). **30 ESA. 31 NASA:** SDO / AIA / S. Wiessinger. **32 Stockholm University:** Mats Löfdahl, ISP / Göran Scharmer, ISP. **34-35 NASA:** GSFC / SDO. **36 NASA. 37 ESO:** P. Horálek / Solar Wind Sherpas project. **40 NASA:** Johns Hopkins University Applied Physics Laboratory / Carnegie Institution of Washington (cl); JPL (tc). **40-41 NASA:** Goddard Space Flight Center Image by Reto Stöckli (c). **41 NASA:** JPL / USGS (cra). **42 NASA:** Johns Hopkins University Applied Physics Laboratory / Carnegie Institution of Washington. **43 NASA:** Goddard Space Flight Center (c). **44-45 NASA:** Goddard Space Flight Center. **47 NASA:** Johns Hopkins University Applied Physics Laboratory / Carnegie Institution of Washington. **49 NASA:** Goddard Space Flight Center Scientific Visualization Studio. **50-51 NASA:** JPL. **52 NASA. 54-55 ESA. 56-57 NASA:** JPL-Caltech. **58 NASA:** JPL / Malin Space Science Systems. **60-61 NASA:** HiRISE, MRO, LPL (U. Arizona). **63 ESA:** DLR / FU Berlin, CC BY-SA 3.0 IGO. **64-65 NASA:** JPL-Caltech / MSSS. **66 NASA:** JPL-Caltech / University of Arizona (tl). **67 NASA:** JPL-Caltech / University of Arizona (b). **68 NASA:** JPL-Caltech / UCLA / MPS / DLR / IDA (tl); JPL (tr). **69 NASA. 70-71 NASA:** Goddard Space Flight Center. **72 NASA:** ESA, and A. Simon (NASA Goddard) (t). **73 NASA:** The Hubble Heritage Team (STScI / AURA)Acknowledgment: R.G. French (Wellesley College), J. Cuzzi (NASA / Ames), L. Dones (SwRI), and J. Lissauer (NASA / Ames) (t); JPL-Caltech (cr); JPL (bc). **74 NASA:** JPL (ca). **75 NASA:** Enhanced image by Gerald Eichstädt and Justin Cowart based on images provided courtesy of NASA / JPL-Caltech / SwRI / MSSS. **76 NASA:** JPL-Caltech / SwRI / MSSS / Gerald Eichstadt / Sean Doran © CC NC SA. **79 NASA:** JPL-Caltech / SwRI / MSSS / Gerald Eichstadt / Sean Doran © CC NC SA. **80 NASA:** JPL-Caltech / SETI Institute. **83 NASA:** JPL / University of Arizona. **85 NASA:** JPL / DLR (tl); JPL / DLR (cb). **86-87 NASA:** JPL-Caltech / Space Science Institute. **86 NASA:** JPL-Caltech (bc). **88 NASA:** JPL. **90 NASA:** JPL-Caltech / SSI / Hampton University. **92-93 NASA:** ESA / JPL / University of Arizona. **95 NASA:** JPL / Space Science Institute. **96-97 NASA:** JPL / Space Science Institute. **98 ESA / Hubble:** Hubble & NASA, L. Lamy / Observatoire de Paris. **101 NASA:** JPL. **102-103 NASA:** JPL / USGS. **107 NASA:** Johns Hopkins University Applied Physics Laboratory / Southwest Research Institute. **108-109 NASA:** JHUAPL / SwRI. **111 NASA:** Johns Hopkins University Applied Physics Laboratory / Southwest Research Institute // Roman Tkachenko. **113 ESO:** E. Slawik. **115 ESA:** Rosetta / MPS for OSIRIS Team MPS / UPD / LAM / IAA / SSO / INTA / UPM / DASP / IDA. **118-119 NASA and The Hubble Heritage Team (AURA/STScI):** NASA, ESA, and J. Olmsted and F. Summers (STScI). **120-121 NASA:** JPL-Caltech / ESA / CXC / STScI. **122 NASA and The Hubble Heritage Team (AURA/STScI):** NASA, ESA, and H. Richer and J. Heyl (University of British Columbia, Vancouver, Canada); . **124 NASA:** Penn State University (bc). **125 ESA / Hubble:** NASA. **126 NASA and The Hubble Heritage Team (AURA/STScI):** NASA, ESA, the Hubble Heritage Team (STScI / AURA), and IPHAS. **128 ESO:** IDA / Danish 1.5 m / R.Gendler, J.-E. Ovaldsen, and A. Hornstrup. **130-131 NASA and The Hubble Heritage Team (AURA/STScI):** NASA, ESA and AURA / Caltech. **132-133 ESO:** L. Calçada. **134 NASA:** Goddard Space Flight Center / Chris Smith. **135 NASA:** Goddard Space Flight Center / Chris Smith (tr); Goddard Space Flight Center / Chris Smith (cla). **138 Stephen Rahn. 138 ESO:** ALMA (NAOJ / NRAO) / E. O'Gorman / P. Kervella. **140 NASA:** ESA, N. Smith (University of Arizona) and J. Morse (BoldlyGo Institute). **143 ESO:** NASA / ESA Hubble Space Telescope, Chandra X-Ray observatory. **144 NASA and The Hubble Heritage Team (AURA/STScI):** NASA and ESA; J. Hester (ASU) and M. Weisskopf (NASA / MSFC). **146-147 Science Photo Library:** EHT Collaboration / European Southern Observatory. **148-149 ESO. 151 ESO:** Zdenek Bardon (tl); Y. Beletsky (tr). NASA and The Hubble Heritage Team (AURA/STScI): NASA, ESA, and the Hubble Heritage Team (STScI / AURA) (cl); NASA, ESA, and STScI (br); NASA, ESA, J. DePasquale (STScI), and R. Hurt (Caltech / IPAC) (bl). **152 Robert Gendler. 154 ESO. NASA:** JPL-Caltech / ESA, the Hubble Heritage Team (STScI / AURA) (cl). **155 NASA and The Hubble Heritage Team (AURA/STScI):** Bruce Balick (University of Washington), Jason Alexander (University of Washington), Arsen Hajian (U.S. Naval Observatory), Yervant Terzian (Cornell University), Mario Perinotto (University of Florence, Italy), Patrizio Patriarchi (Arcetri Observatory, Italy) and NASA (tl). NASA: CXC / SAO; Optical: NASA / STScI (cra). **156-157 NOAO / AURA / NSF:** T.A.Rector (NOAO / AURA / NSF) and Hubble Heritage Team (STScI / AURA / NASA). **159 ESO:** Igor Chekalin. **160-161 NASA:** JPL-Caltech / S. Stolovy (Spitzer Science Center / Caltech). **163 NASA and The Hubble Heritage Team (AURA/STScI):** NASA, ESA, and the Hubble Heritage Team (STScI / AURA). **164-165 Ken Crawford. 166 ESO:** Chris Mihos (Case Western Reserve University) (br). NASA and The Hubble Heritage Team (AURA/STScI): NASA, ESA, S. Bianchi (Università degli Studi Roma Tre University), A. Laor (Technion-Israel Institute of Technology), and M. Chiaberge (ESA, STScI, and JHU) (t); NASA, ESA, A. Aloisi (STScI / ESA), and The Hubble Heritage (STScI / AURA)-ESA / Hubble Collaboration (bl). **168 ESO.** NASA and The Hubble Heritage Team (AURA/STScI): NASA, ESA, and Z. Levy (STScI) (crb). **169 ESO. Robert Gendler. 171 ESO:** Digitized Sky Survey 2. **172-173 NASA:** JPL-Caltech / M. Meixner (STScI) & the SAGE Legacy Team. **174-175 Robert Gendler. 177 Johannes Schedler** (panther-observatory.com). **178 NASA and The Hubble Heritage Team (AURA/STScI):** NASA, ESA, and the Hubble Heritage (STScI / AURA)-ESA / Hubble Collaboration;. **180-181 NASA and The Hubble Heritage Team (AURA/STScI):** NASA, ESA, and The Hubble Heritage Team (STScI / AURA);. **182 NASA and The Hubble Heritage Team (AURA/STScI):** NASA, ESA, and The Hubble Heritage Team (STScI / AURA);. **184-185 ESA / Hubble:** NASA, Holland Ford (JHU), the ACS Science Team. **186-187 ESA:** NASA and the Hubble SM4 ERO Team. **189 Kees Scherer. 190 NASA and The Hubble Heritage Team (AURA/STScI):** NASA, ESA, and J. Lotz and the HFF Team (STScI). **192-193 NASA:** ESA; G. Illingworth, D. Magee, and P. Oesch of California, Santa Cruz; R. Bouwens, Leiden University; and the HUDF09 Team). **193 ESA / Hubble:** NASA, G. Illingworth, D. Magee, and P. Oesch (University of California, Santa Cruz), R. Bouwens (Leiden University), Z. Levay (STScI) and the HUDF09 Team (b). **194-195 IllustrisTNG collaboration:** D. Nelson. **196-197 ESA:** Planck Collaboration. **204 Alamy Stock Photo:** Chronicle (cl); The History Collection (c); Historic Images (c/Heinrich Louis d Arrest); GL Archive (cr); Granger Historical Picture Archive (cb); Science History Images (crb). NOAO / AURA / NSF: T.A.Rector (NOAO / AURA / NSF) and Hubble Heritage Team (STScI / AURA / NASA) (clb). **205 Alamy Stock Photo:** Archivio GBB (tc); gameover (cl); IanDagnall Computing (c); The Picture Art Collection (c/Thomas Harriot); Science History Images (cr); GL Archive (c). NASA and The Hubble Heritage Team (AURA/STScI): NASA, ESA, J. DePasquale (STScI), and R. Hurt (Caltech / IPAC) (tr). Science Photo Library: Emilio Segre Visual Archives / American Institute of Physics (clb). **206 Dorling Kindersley:** Andy Crawford (cr). ESO. NASA: CXC / NGST (clb); JPL / Cornell University (cb); JPL-Caltech / R. Hurt (SSC) (crb). Science Photo Library: NASA (tc/Cosmic); Sputnik (tc); Robin Scagell (tr). **207 ESO:** NASA (tl). NASA. Science Photo Library: Russian Academy of Sciences / Detlev Van Ravenswaay (cra); Sputnik (tc). **208 Alamy Stock Photo:** National Geographic Image Collection (tr); Science History Images (cr). ESA: C. Carreau / ATG medialab (c). NASA: ESA / JPL / University of Arizona (tc); JPL-Caltech / UCLA / MPS / DLR / IDA (clb/Ceres); Johns Hopkins University Applied Physics Laboratory / Southwest Research Institute (cb). Science Photo Library: European Space Agency / ATG Medialab (clb). **209 Alamy Stock Photo:** Science History Images (cl). Dreamstime.com: Konstantin Shaklein (tc). ESA: Planck Collaboration (tl). NASA and The Hubble Heritage Team (AURA/STScI): NASA, ESA, and J. Olmsted and F. Summers (STScI) (clb). NASA: Ames / J. Jenkins (cra); ESA; G. Illingworth, D. Magee, and P. Oesch, University of California, Santa Cruz; R. Bouwens, Leiden University; and the HUDF09 Team) (cr). Science Photo Library: EHT Collaboration / European Southern Observatory (cb)

Cover images: *Front:* **Fotolia:** Eevl tl; **NASA and The Hubble Heritage Team (AURA/STScI):** NASA, ESA and AURA / Caltech crb, NASA, ESA, J. DePasquale (STScI), and R. Hurt (Caltech / IPAC) ca; **NASA:** ESA, N. Smith (University of Arizona) and J. Morse (BoldlyGo Institute) br, Johns Hopkins University Applied Physics Laboratory / Carnegie Institution of Washington tr, JPL-Caltech / ESA, the Hubble Heritage Team (STScI / AURA) cra, STScI / AURA cla; **Science Photo Library:** Walter Pacholka, Astropics cr

All other images © Dorling Kindersley Limited. For further information see: www.dkimages.com